Let's Mug Cuisine

小雨麻的
100道馬克杯料理,
上桌!

小雨麻 著

湯品篇

主食篇

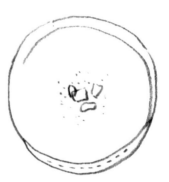

蛋糕篇

作者序

七年多前懷孕六個月胎死腹中傷心欲絕的景象，至今仍歷歷在目，當時我懷著祈願的心情開啟部落格，將小產的心路歷程寫下，若能安慰同樣傷痛的母親，我願意。

第二次懷孕迎來平安出生的小雨姊姊，然她高過敏的體質讓零廚藝的我面臨空前挑戰，當時我懷著祈願與研究的心情記錄自製副食品的心得，細數育兒之餘無數挑燈的日子，若能讓更多過敏兒受益，我願意。

第三次生產迎來可愛的小風妹妹，然她敏感不易入睡、淺眠易醒，尤其翻身期的一輪睡眠時間居然不超過 30 分鐘，當時讓重眠重吃的我又面臨不同的考驗，艱難中摸索出許多省時行易的料理方式，若能幫助更多忙碌的母親，我願意。

發源自歐美的馬克杯蛋糕，我操作過後深感方便，進而發想製作更多料理。利用馬克杯做料理非常簡單，主食、湯品、蛋糕、甜品，輕輕鬆鬆就能完成套餐，人口簡單也可以吃得很澎湃，最重要的是一鍵搞定。為了幫助讀者提高成功率，我將繁複的料理步驟簡化，廚房新手也能輕鬆上手。我也將琳瑯滿目的料理工具簡化，只要有馬克杯、量匙、加熱電器就可以料理。每一家庭的加熱電器不同，微波爐、電鍋或烤箱，書裡提供了各種不同的方法，擇一即可操作。想吃蛋糕又不想要負擔？在蛋糕篇裡的食譜，不使用奶油，油量和糖量都小心控制，並盡可能使用大量的堅果與本地蔬果。工具簡化意味著省錢，料理步驟簡化意味著省時，油量與糖量的控制意味著對美味與健康的兼顧。此外使用馬克杯料理非常賞心悅目，也將清洗工作減至最少，優點多多。我將本書定位為省時的料理書，適合少人或少量料理，副食品套餐則在最後以番外篇呈現，提供喜愛我副食品文章的朋友們參考。

近來我常在講座中分享使用馬克杯製作副食品套餐甚至家庭料理，許多朋友來信告訴我：「小雨麻，馬克杯料理法真的好方便喔！」每每收到這樣的來信，就是我最滿足的時刻了。

誌謝

小雨、小風寶寶能健康平安出生，感謝曾幫助我們的醫護人員。而馬克杯書寶寶能美麗可親出生，感謝曾參與其中的所有夥伴。

首先感謝《親子天下》的慧眼。謝謝珮雯總當我的伯樂，鼓勵我在專欄中開發新的題材。謝謝佩芬在我趕稿焦頭爛額之際，不忘給我關懷與打氣。謝謝孝如美美的擺盤，謝謝映璇化腐朽為神奇的影音，謝謝平面攝影文彥、影音攝影阿和與阿賢，還要謝謝育菁時常費心思考著怎麼跟更多讀者介紹書寶寶。也謝謝未曾謀面的美編，東喜工作室的小捲，以及第一次合作的插畫家宛昀，把書寶寶妝點得如此豐富，當然也要謝謝今今這次的副食品特輯插畫，有畫龍點睛的效果。

感謝我的愛編佳聖，這本書從概念到成書有許多討論，有緊張、有顧慮、有開心、有滿足，佳聖陪我坐許久的雲霄飛車上天入地，幫我驗證、給我意見、為我鼓勵，毫無疑問是這本書寶寶的催生要角。

感謝參與我試做過程的試吃大隊！好友怡雯一家、Annie 一家、Lovely Jenny、參與萬華親子館講座的朋友們、筱雪、子宣、Mizuho、嘉妤、瑛真，還有從台北南下的三阿姨一家、我的兩位母親，每一個蛋糕的配方與烘烤都歷經許多實驗與試吃，沒有你們就沒有這些食譜。還要感謝文彥、佳聖、孝如，邊拍邊吃好歡樂，每一道料理的意見都彌足珍貴。

感謝長年鼓勵我、支持我進行料理實驗的格友、臉友們，尤其感謝林小草、蛋黃媽、NI 媽、熊媽、安媽 Sammi、韓泠、遠媽、牡丹媽祐而、育臻、晏庭、雅琇、新加坡小雨媽 Pony Mah、系友 Mee Hsuan、棒棒麻、許華華、Allison，還要特別謝謝一直關懷我並傳授我中醫護眼操的娸廷。

感謝與我相處時間長達人生一半的另一半，感謝我深愛的孩子小雨、小風，總是點著我如星星之火的創作靈感。在我忙碌寫稿時，來來回回協助我照顧孩子的兩位母親，我深深感謝。

前言

一杯到底，樂趣無窮！

近年歐美流行「馬克杯蛋糕」，我很喜歡一個杯子用到底的概念，不但操作簡單，也將清洗工作減至最少。那陣子正好是我的育兒忙碌尖峰期，也是小風妹妹練習吃副食品的階段。在餵奶、採買食材、煮飯、準備副食品、餵副食品與收拾、家務、寫作，還有接送老大小雨與親子共讀等成山的工作中，常常忙到讓我犧牲了自己吃飯的時間。尤其小風妹妹是淺眠、不易入睡、睡眠需求極少的寶寶，在翻身期一輪睡眠時間經常只有 30 分鐘，讓我照顧起來倍感辛苦。看著體重直線下降，心中一則以喜、一則以憂。喜的是不用花錢減肥，產後恢復窈窕非夢事。憂的是，我的愜意生活何時才會回來？

有一天，噹！我突發奇想，把「馬克杯蛋糕」的概念，放到副食品來，在十人份電鍋放入四杯馬克杯，一次做出四道不同口味的副食品，稱之「馬克杯副食品法」，也稱之「馬克杯副食品套餐」。操作一段時間後，甚至進階為同步料理我的餐點。從此我的忙碌生活開始扭轉，時間存摺轉虧為盈。於是再次一則以喜、一則以憂。喜的是找回我的閱讀時光與運動時光，憂的是，體重也止跌回升？（笑）

● 馬克杯料理法適合哪些對象？

　　· 沒有時間顧火的忙碌族群。

　　· 就算一個人吃也想自己煮。

　　· 想吃不同料理的兩人世界。

　　· 幫寶寶現做副食品套餐。

　　· 照顧者和寶寶一起吃。

　　· 下午茶或宵夜時間，一人來一杯，一家四口各自點餐都沒問題！

● 利用馬克杯製作副食品的優勢：

　　· 攪拌棒可直接伸入馬克杯攪打，不用轉換容器。

　　· 馬克杯可放進電鍋加熱，不用顧火，餐餐現做副食品變簡單了！

　　· 一次幫寶寶準備多元口味與不同咀嚼難度的副食品。

　　· 以十人份電鍋為例，可一次放入四個馬克杯，製作四道副食品組成
　　　套餐。

● 利用馬克杯製作料理的優勢：

　　· 一指搞定，不用顧火。

　　· 一次完成主食、湯品、甜點，人口簡單也能吃得很澎湃。

　　· 想吃不同料理時，一人一杯，不用勉強彼此配合。

　　· 手把好握好操作。

　　· 不須清洗多餘的容器。

沒吃完？別擔心！輕輕蓋上即可冷藏，再次加熱也好簡單！

現在很多馬克杯連同杯蓋成組設計，造型可愛，選擇多元。還有許多品牌推出矽膠杯蓋，馬克杯料理沒吃完也不用擔心，輕輕蓋上，即可放冰箱冷藏保存。需要再次加熱時，無須轉換容器，直接放進電鍋、蒸爐、水波爐、微波爐等電器加熱即可，簡單又方便。

Before Cooking

在開始馬克杯料理之前,先以這個特別篇——〈來自天然食材的美味祕密〉做為開始,與大家分享調味的祕訣,以及各式高湯的做法,有了這些基本的小配備,相信一定能做出美味的馬克杯料理。

製作馬克杯料理時,在湯品與主食部分,有一個加快速度的小技巧——自製料理包。趁空檔時間,準備每一道馬克杯料理扣除水以外的食材,先將食材洗淨、削皮、切好後,放進夾鍊袋中,捲成可以放進馬克杯的圓筒狀,再收到冷凍庫保存。想要食用時,可以將料理包稍微退冰,把食材放入馬克杯後,加入需要份量的水,再放進電鍋加熱。如此一來,料理就更省時間了!

提醒大家在「濃湯篇」裡,還有一個需要攪打的步驟,請大家一定要詳讀 P33 的〈料理馬克杯濃湯時的不燙傷小叮嚀〉,以免受傷喔。

來自天然食材的美味祕密

我的部落格常有讀者寫信問我:「最近寶寶對副食品很不賞臉,家裡長輩都說一定是因為沒有加鹽……」事實上,調味方式不只加鹽一法,各式食材都有其獨特的風味,只要善加組合,甚至不加鹽也能烹飪出究極的美味。

過去,我們以為日常食材的味道只有酸、甜、苦、辣、鹹。西元 1909 年,日本化學教授池田菊苗(Kikunae Ikeda)從昆布表面的白色物質發現麩胺酸[1],命名為「umami」,中文譯為「美味」、「鮮味」、「旨味」[2],這也是後來製造人工味素參考的原始範本。到了西元 2000 年左右,分子生物學家找到了麩胺酸的受體。科學家發現,當舌頭上的受體同時接觸到麩胺酸與核苷酸,甚至烏苷酸時,就會向大腦傳達美味的訊號[3],也因為這些美味訊號的提味作用,讓廚師能進而減少糖、鹽的使用量。

高湯含有大量的鮮味,對料理有畫龍點睛之效。利用空閒時自製高湯做成冰磚,就能在忙碌中為家庭的日常烹調帶來方便,既能做為高湯靈魂,且完全不含人工添加物,美味又安心,何樂而不為!

順道一提,世界各地都醞釀出富含鮮味的傳統醬汁[4],用量只要一點點就能讓料理味道提升許多,如亞洲的醬油與蠔油、泰式或越式魚露、馬來西亞蝦醬、英國伍斯特醬(Worcestershire sauce)、澳洲維吉麥醬(Vegemite)[5]等,綠茶與紅葡萄酒也富含鮮味,法國會出現紅酒料理或亞洲會出現茶料理,不是沒有道理。哪些食材含有美味的祕密成分,適合用來熬湯或調味呢?整理如下表所示。

美味的食材

關鍵的美味成分	食材
麩胺酸 （又稱麩醯胺酸）	含量 No1：昆布 帕瑪森起司、紫菜、培根、火腿、蕃茄、玉米、蘑菇、干貝等海鮮、大蒜、洋蔥、綠茶、紅葡萄酒等。 醬汁類：醬油、蠔油、味噌、魚露、蝦醬、伍斯特醬、維吉麥醬、豆豉等。
核苷酸 （又稱肌苷酸）	含量 No1：柴魚片 鯷魚、雞肉、豬肉、沙丁魚、竹莢魚、鮪魚、乾香菇、牛肉、蝦、紫菜、乾秀珍菇、乾牛肝菌菇、雪蟹、海膽。
烏苷酸	含量 No1：乾香菇 乾牛肝菌菇、乾蕃茄等。

[1] 蓋．克羅斯比、美國實驗廚房編輯群著，陳維真、張簡守展等譯，《料理的科學：50 個圖解核心觀念說明，破解世上美味烹調祕密與技巧》（The Science of Good Cooking: Master 50 Simple Concepts to Enjoy a Lifetime of Success in the Kitchen），大寫出版，2015。

[2] 莊祖宜，《簡單 ．豐盛 ．美好：祖宜的中西家常菜》，新經典文化，2015。

[3] 川上文代著，周若珍譯，《湯品與燉肉教科書》，遠足文化，2012。2015 年改版為《看圖跟著作 湯品與燉肉：在家就能向大師學手藝》。

[4] International Glutamate Information Service，網址為 http://www.glutamate.org/

[5] 芭柏．史塔基著，莊靖譯，《味覺獵人：舌尖上的科學與美食癡迷症指南》（Taste What You're Missing: The Passionate Eater's Guide to Why Good Food Tastes Good），漫遊者文化，2014。

蔬菜高湯

材料
乾香菇 5 朵、牛蕃茄 1 顆、紅蘿蔔 1 根、高麗菜 1/4 顆、玉米 1 根、洋菇 5 朵

做法

①
所有材料切片，投入鍋中，水量淹過食材，將湯鍋放入電鍋。

②
外鍋加入 1.5 至 2 量米杯水，打開保溫，按下開關，燜煮 2 小時。

③
用濾網過濾，留下湯汁。

1. 也可以依各人喜好加入這些食材：洋蔥、蔥、薑、白菜、枸杞、紅棗等。
2. 留下當餐要使用的高湯，其餘高湯可放入製冰盒製成冰磚，平時炒菜、煮粥、煮湯都可以使用。
3. 除了電鍋，也可以用壓力鍋煮高湯，更為省時。

—— 昆布柴魚高湯 ——

材料
昆布邊長 10 公分方形 1 片、柴魚片 1 碗、水約 5 碗

做法

①
昆布用濕布清擦，拭去灰塵。

②
放入水中浸泡 10 至
30 分鐘後用中火煮。

③
沸騰前將昆布撈起，同時加入柴
魚片，轉小火煮至沸騰即熄火。

④
待柴魚片浮起又沉下，立刻用濾網過濾湯頭。

1. 製作昆布柴魚高湯不用太多時間，美味關鍵在於不能久煮，以免產生腥臭味。
2. 使用後的昆布變身法：可先放入冷凍庫冷凍，待收集分量足夠，再用日式醬油做成滷海帶。
3. 使用後的柴魚片變身法：柴魚片放入炒鍋中加少許蜂蜜拌炒，擺在嫩豆腐上，就是一道
   好吃的家常菜。

— 小魚乾高湯 —

材料
小魚乾約半碗、水約 5 碗、酒 1 大匙

做法

①
將小魚乾的頭與內臟部位去除，洗淨，
在水中浸泡，整鍋放入冰箱靜置一夜，
避免壞掉。

②
以大火煮沸後加入酒，轉小火煮 5 分鐘。

③
用濾網過濾湯頭。

萬用雞骨高湯

材料
雞骨架 1 至 2 隻、月桂葉 1 片、西洋芹 1/4 根

做法

① 所有材料投入鍋中，水量淹過食材，放入電鍋。

② 外鍋加入 1.5 至 2 量米杯水，打開保溫，按下開關，燜煮 2 小時。

③ 用濾網過濾，留下湯汁。

 TiPS

1. 留下當餐要使用的高湯，其餘高湯可放入製冰盒製成冰磚，平時炒菜、煮粥、煮湯都可以使用。

2. 除了電鍋，也以改用壓力鍋煮高湯，更為省時。

3. 肉類高湯建議先汆燙除去血水等雜質，撈起沖洗乾淨備用。這樣高湯才會清澈，不會有腥味。

中式雞骨高湯

材料

雞骨架 1 至 2 隻、連根青蔥 1 至 2 根、老薑片 3 至 5 片

做法

①

所有材料投入鍋中,水量淹過食材,放入電鍋。

②

外鍋加入 1.5 至 2 量米杯水,打開保溫,按下開關,燜煮 2 小時。

③

用濾網過濾,留下湯汁。

Tips

1. 留下當餐要使用的高湯,其餘高湯可放入製冰盒製成冰磚,平時炒菜、煮粥、煮湯都可以使用。

2. 除了電鍋,也可以用壓力鍋煮高湯,更為省時。

3. 肉類高湯建議先汆燙除去血水等雜質,撈起沖洗乾淨備用。這樣高湯才會清澈,不會有腥味。

豬骨高湯

材料
安心的豬龍骨或豬肋骨（賓仔骨）1 包

做法

①
投入鍋中，水量淹過食材，放入電鍋。

②
外鍋加入 1.5 至 2 量米杯水，打開保溫，按下開關，燜煮 2 小時。

③
用濾網過濾，留下湯汁。

 Tips

1. 通常豬骨久熬易熬出重金屬，建議採買來源可靠、人道飼養的安心豬，如信功肉品、天和海藻豬等。此外，熬煮時間不宜超過 2 小時。

2. 肉類高湯建議先汆燙除去血水等雜質，撈起沖洗乾淨備用。這樣高湯才會清澈，不會有腥味。

── 牛骨高湯 ──

材料
安心的牛小腿骨 1 包、洋蔥 1 顆、紅蘿蔔 1 根、西洋芹 1 株、月桂葉 1 片

做法

①
所有材料切片，投入鍋中，水量淹過
食材，放入電鍋。

②
外鍋加入 1.5 至 2 量米杯水，打開保
溫，按下開關，燜煮 2 小時。

③
用濾網過濾，留下湯汁。

1. 建議採買來源可靠、人道飼養的牛肉，並且避免狂牛症疫區的肉品。

2. 熬煮時間不宜超過 2 小時。

3. 肉類高湯建議先汆燙除去血水等雜質，撈起沖洗乾淨備用。這樣高湯才會清澈，不會有
   腥味。

SOUP

清湯

● 馬克杯酸菜蚵仔湯

分量
大馬克杯 1 杯

材料
酸菜切絲 2 大匙
薑片 1 片，切絲
蚵仔 6 至 8 個

做法
所有材料投入馬克杯，加入溫水至八分滿，放入電鍋，
外鍋加 1 量米杯水，待開關跳起再燜 20 分鐘。

● 馬克杯蛤蜊絲瓜湯

分量
大馬克杯 1 杯

材料
絲瓜去皮切薄片 3 大匙
薑片 1 至 2 片，切絲
蛤蜊 10 顆，先泡鹽水吐沙

做法
蛤蜊與薑片投入馬克杯，加入溫水至六分滿，放入電
鍋，外鍋加 1/2 量米杯水按下開關，待開關跳起再放
入絲瓜，此時外鍋再加入 1/2 量米杯水，按下開關，
待開關跳起再燜 10 至 20 分鐘。

● 馬克杯肉骨茶雞湯

分量

大馬克杯 1 杯

材料

肉骨茶包 1 包

蒜 1 至 2 瓣，拍碎

雞腿肉 4 至 6 小塊

高麗菜葉約 1 至 2 片，切小片

黑醬油 1 至 2 滴

做法

1. 肉骨茶包與蒜頭投入馬克杯，加入溫水至八分滿，放入電鍋，外鍋加 1/2 量米杯水烹煮。
2. 取出肉骨茶包，放入雞肉、高麗菜和溫水至八分滿，外鍋再加 1 量米杯水，待開關跳起，再燜 15 分鐘，最後加 1 至 2 滴黑醬油提味。

● 馬克杯梅子雞湯

分量

大馬克杯 1 杯

材料

梅子 6 至 8 顆

雞腿肉 4 至 6 小塊

高麗菜葉約 1 至 2 片，切小片

秀珍菇 3 至 4 朵

紅棗 3 顆

做法

所有材料投入馬克杯，加入水至八分滿，放入電鍋，外鍋加 1.5 量米杯水，待開關跳起，再燜 15 分鐘，完成之後依各人喜好加少許鹽調味。

Tips

市售梅子大多會添加人工甘味劑，有些則會加防腐劑，請選擇成分單純只有梅、鹽、糖者。

● 馬克杯四物雞湯

分量
大馬克杯 1 杯

材料
材料 A
杓藥 10 公克、熟地黃 5 公克、川芎 5 公克、當歸 3 片、
紅棗 2 顆

材料 B
雞腿肉 4 至 6 小塊

做法
所有材料 A 裝入中藥包，連同材料 B 投入馬克杯，加入溫水至八分滿，放入電鍋，外鍋加
1.5 量米杯水，待開關跳起，再燜 15 分鐘。

● 馬克杯麻油雞湯

分量
大馬克杯 1 杯

材料
薑片 3 片
雞腿肉 4 至 6 小塊
高麗菜葉約 1 至 2 片，切小片
麻油 1/2 茶匙（小匙）

薑片與麻油不爆香，採電鍋蒸煮，比較
不會上火，而且味道依舊美味，湯汁也
比較清澈。

做法
所有材料投入馬克杯，加入水至八分滿，放入電鍋，
外鍋加 1.5 量米杯水，待開關跳起，再燜 15 分鐘，加
少許鹽調味。

● 馬克杯滿滿蔬菜湯

分量
大馬克杯 1 杯

材料

材料 A
洋蔥 1/8 顆，切碎
鮮香菇 3 至 5 朵，切細片
牛蕃茄 1/4 顆，切 2 塊
紅蘿蔔 3 至 5 片
高麗菜葉約 1 至 2 片，切小片
玉米半根，切為 4 段
洋菇 3 至 5 朵，切細片
西洋芹嫩端半株，切小段

材料 B
檸檬 1/4 顆，擠汁備用

做法
將材料 A 投入馬克杯，加入溫水至八分滿，放入電鍋，外鍋加 1.5 量米杯水，待開關跳起後，再燜 15 分鐘。最後加少許鹽調味，加入材料 B。

● 馬克杯竹筍雞湯

分量

大馬克杯 1 杯

材料

綠竹筍 1/2 根，去皮切小塊
雞腿肉 3 至 4 小塊

做法

所有材料投入馬克杯，加入水至八分滿，放入電鍋，外鍋加 1.5 量米杯水，待開關跳起，再燜 15 分鐘，最後加少許鹽調味。

＊挑選竹筍時，一定要注意筍尖不可出現青綠色，以免買到苦筍。切口部位用手指壓一下，選較嫩者口感比較好。如果當天沒有要吃，建議洗淨連殼蒸熟，避免老化。

＊連殼快速蒸煮法：連殼放入內鍋，電鍋外鍋加 1.5 杯量米杯水，待開關跳起，再燜 30 分鐘，涼後放入冰箱冷藏。

＊避免買到苦筍的方法：
1. 選對筍是關鍵，筍尖要挑金黃色，不要出現青綠色。
2. 筍心若出現粉末，尤其是黃色的粉末，一定要去除。
3. 好吃的筍是白色的，所以儘管切除黃色的部位。

＊烹煮苦筍的方法：
1. 先將竹筍去殼，放入鍋中。
2. 在鍋裡放一點生米，水量淹過筍，蓋上鍋蓋，從冷水開始煮。
3. 煮熟之後將筍夾出浸泡冷水，再放進冰箱冰鎮。

● 馬克杯鳳梨苦瓜雞湯

分量
大馬克杯 1 杯

材料
鳳梨切丁 2 大匙
鳳梨醬 1 大匙
苦瓜去蒂頭、籽與白膜,切成條狀,取 3 大匙
雞腿肉 3 至 4 小塊
枸杞約 10 粒

做法
所有材料投入馬克杯,加入水量至八分滿,放入電鍋,外鍋加 1.5 量米杯水,待開關跳起,再燜 15 分鐘,完成之後加少許鹽調味。

1. 鳳梨醬可使用傳統釀造的「蔭鳳梨」,也可使用自製鳳梨醬,做法詳見 P.147。兩者風味不同,前者豐厚,後者甘甜。
2. 如無鳳梨醬,也可改為 1/4 個蘋果。

● 馬克杯清燉蕃茄牛肉湯

分量
大馬克杯 1 杯

材料

材料 A
牛肉滷味包
牛蕃茄半顆，切 4 塊
紅蘿蔔 3 至 5 片
薑片 2 片
高麗菜葉約 1 至 2 片，切小片
水或牛骨高湯，做法詳 P.21。

材料 B
牛肉火鍋肉片 5 至 8 片

做法
1. 材料 A 投入馬克杯，加入水或高湯至八分滿，放入電鍋，外鍋加 1 量米杯水烹煮。
2. 取出滷味包，放入材料 B 與溫水至八分滿，外鍋加 2/3 量米杯水，待開關跳起，再燜 10 分鐘，最後加少許鹽調味。

滷味包可在一般超市、有機通路、主婦聯盟、中藥行等購得。

● 馬克杯義式蔬菜湯

分量

大馬克杯 1 杯

材料

洋蔥切碎，1 大匙

西洋芹半根，去外層粗纖維，切小丁

紅蘿蔔 1/4 根，去皮切 1 公分小丁

高麗菜葉 1 至 3 片，切小片

牛蕃茄 1/2 顆，切小丁

帕瑪森起司，2 大匙

月桂葉 1 片

水或萬用雞高湯約 1/2 杯馬克杯，做法詳 P.18

義式香草少許

做法

所有材料投入馬克杯，加入水或高湯至八分滿，放入電鍋，外鍋加 1.5 量米杯水，待開關跳起，再燜 15 分鐘，取出月桂葉，加少許鹽與義式香草調味。

── 料理馬克杯濃湯時的 ── 不燙傷小叮嚀

1. 剛煮好的湯很燙，建議靜置稍涼，並一定要戴隔熱手套，在流理臺或水槽攪打，以免湯汁噴濺。小心燙傷。

2. 馬克杯選擇外觀高而深，杯口直徑約 8 公分，容量約 400 毫升，投料不超過馬克杯高度的一半，攪拌棒使用起來最為順手。

3. 如無攪拌棒，也可改用耐熱材質果汁機攪打。

● 馬克杯野菇濃湯

分量

大馬克杯 1 杯

材料

新鮮香菇 1 至 3 朵，切碎

洋菇 3 至 5 朵，切碎

鴻禧菇 5 至 8 條，切碎

蒜 1 個，去膜拍碎

小型馬鈴薯 1/8 顆，去皮切 1 公分小丁備用

萬用雞骨高湯約 1/3 杯馬克杯，做法詳 P.18

溫牛奶約 1/4 杯馬克杯

做法

1. 所有材料投入馬克杯，加入高湯至五分滿，放入電鍋，外鍋加 1.5 量米杯水，待開關跳起，再燜 15 分鐘，最後加少許鹽調味。

2. 取出馬克杯靜置稍涼，手戴隔熱手套，用不鏽鋼頭攪拌棒伸入馬克杯底部，小心將湯攪打成濃湯狀。（請務必詳讀 P.33「不燙傷小叮嚀」）

3. 加入溫牛奶，用筷子或湯匙拌勻。

● 馬克杯玉米濃湯

分量

大馬克杯 1 杯

材料

新鮮玉米粒半碗

小型馬鈴薯 1/8 顆，切 1 公分小丁備用

紅蘿蔔去皮切碎，1 大匙

西洋芹 1/2 株，切 2 段

萬用雞高湯 1/3 杯馬克杯，做法詳 P.18

溫牛奶 1/4 杯馬克杯

做法

1. 所有材料投入馬克杯，加入高湯至五分滿，放入電鍋，外鍋加 1.5 量米杯水，待開關跳起，再燜 15 分鐘，最後加少許鹽調味。

2. 取出馬克杯靜置稍涼，先夾出西洋芹，戴著隔熱手套，用不鏽鋼頭攪拌棒伸入馬克杯底部，小心將湯攪打成濃湯狀。（請務必詳讀 P.33「不燙傷小叮嚀」）

3. 加入溫牛奶，用筷子或湯匙拌勻。

攪打成濃湯後，也可以另加少許火腿丁、玉米粒、巧達起司，放回電鍋，外鍋加入 1/3 杯溫水煮熟，可增加口感，最後再灑上少許麵包丁。

● 馬克杯地瓜濃湯

分量

大馬克杯 1 杯

材料

地瓜 1/4 杯馬克杯，切 1 公分小丁
牛奶 1/4 杯馬克杯
吐司 1/2 片，切小丁
糖少許

做法

1. 吐司小丁留下 3 個烤過備用，其餘和地瓜小丁投入馬克杯，加入牛奶至五分滿，放入電鍋，外鍋加 1.5 量米杯水，待開關跳起，再燜 15 分鐘。

2. 馬克杯靜置稍涼，手戴隔熱手套，用不鏽鋼頭攪拌棒伸入馬克杯底部，小心將湯攪打成濃湯狀，加入少許鹽、糖調味，最後加上 3 個烤麵包丁。（請務必詳讀 P.33「不燙傷小叮嚀」）

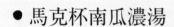

● 馬克杯南瓜濃湯

分量

大馬克杯 1 杯

材料

南瓜 1/4 杯馬克杯，切 1 公分小丁
牛奶 1/4 杯馬克杯
肉桂粉少許
糖少許

做法

1. 南瓜請選皮薄的金瓜，削皮之後，用湯匙刮去籽，切成 1 公分小丁。

2. 南瓜小丁投入馬克杯，加入牛奶至五分滿，放入電鍋，外鍋加 1.5 量米杯水，待開關跳起，再燜 15 分鐘，最後加少許鹽、肉桂粉和糖調味。

3. 馬克杯靜置稍涼，戴著隔熱手套，用不鏽鋼頭攪拌棒伸入馬克杯底部，小心將湯攪打成濃湯狀。（請務必詳讀 P.33「不燙傷小叮嚀」）

牛奶也可以換成等量的無糖豆漿，南瓜與豆漿搭配有保護眼睛、預防感染之效。

● 馬克杯洋蔥濃湯

分量

大馬克杯 1 杯

材料

材料 A

洋蔥切碎，1/3 杯馬克杯

小型馬鈴薯 1/8 顆，去皮切 1 公分小丁

帕瑪森起司粉 3 大匙

水或牛骨高湯約 1/4 杯馬克杯，做法詳 P.21

材料 B

洋菇 3 朵，切薄片

牛奶 1/4 杯馬克杯

做法

1. 鍋中放少許油，先將洋蔥炒香。

2. 材料 A 投入馬克杯 A，加入高湯至五分滿，材料 B 投入馬克杯 B，放入電鍋，外鍋加
   1.5 量米杯水，待開關跳起，再燜 15 分鐘。

3. 馬克杯 A 靜置稍涼，戴著隔熱手套，用不鏽鋼頭攪拌棒伸入馬克杯底部，小心將湯攪
   打成濃湯狀，再將馬克杯 B 加入，最後加入少許鹽調味。（請務必詳讀 P.33「不燙傷
   小叮嚀」）

● 馬克杯紅蘿蔔濃湯

分量

大馬克杯 1 杯

材料

紅蘿蔔 1/4 根，切 1 公分小丁

小型馬鈴薯 1/8 顆，切 1 公分小丁

洋蔥切碎，1 大匙

月桂葉 1 片

萬用雞骨高湯約 1/4 杯馬克杯，做法詳 P.18

溫牛奶 1/4 杯馬克杯

橄欖油少許

做法

1. 所有材料投入馬克杯，加入高湯至五分滿，放入電鍋，外鍋加 1.5 量米杯水，待開關跳起，再燜 15 分鐘。

2. 夾出月桂葉，馬克杯靜置稍涼，戴著隔熱手套，用不鏽鋼頭攪拌棒伸入馬克杯底部，小心將湯攪打成濃湯狀。（請務必詳讀 P.33「不燙傷小叮嚀」）

3. 加入溫牛奶，用筷子或湯匙拌勻，最後加少許鹽調味。

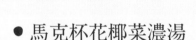

● 馬克杯花椰菜濃湯

分量

大馬克杯 1 杯

材料

綠花椰菜嫩端花部位 1/4 杯馬克杯，切碎

小型馬鈴薯 1/8 顆，切 1 公分小丁

蛋黃 1 顆，打散

水或萬用雞骨高湯約 1/4 杯馬克杯，做法詳 P.18

溫牛奶 1/4 杯馬克杯

做法

1. 所有材料投入馬克杯，加入高湯至五分滿，拌勻後放入電鍋，外鍋加 1.5 量米杯水，
   待開關跳起，再燜 15 分鐘。

2. 馬克杯靜置稍涼，手戴隔熱手套，用不鏽鋼頭攪拌棒伸入馬克杯底部，小心將湯攪打
   成濃湯狀。（請務必詳讀 P.33「不燙傷小叮嚀」）

3. 加入溫牛奶，用筷子或湯匙拌勻，最後加少許鹽調味。

● 馬克杯蕃茄蛋花濃湯

分量
大馬克杯 1 杯

材料
蒜 1 瓣，去膜拍碎
牛蕃茄 1/2 顆，切小丁
蛋 1 顆，打散
水或牛骨高湯約 1/4 杯馬克杯，做法詳 P.21
溫牛奶 1/4 杯馬克杯

做法
1. 所有材料投入馬克杯，加入高湯至五分滿，拌勻後放入電鍋，外鍋加 1.5 量米杯水，待開關跳起，再燜 15 分鐘。
2. 馬克杯靜置稍涼，戴著隔熱手套，用不鏽鋼頭攪拌棒伸入馬克杯底部，小心將湯攪打成濃湯狀。（請務必詳讀 P.33「不燙傷小叮嚀」）
3. 加入溫牛奶，用筷子或湯匙拌勻，最後加少許鹽調味。

● 馬克杯西湖肉羹

分量

大馬克杯 1 杯

材料

材料 A

洋蔥切碎，1 大匙

蔥切碎，1 大匙

薑 1 片，切碎

蒜 2 瓣，去膜拍碎

小型馬鈴薯 1/8 顆，切 1 公分小丁

豬或牛絞肉 1/4 杯馬克杯

嫩豆腐 1/4 盒，切小塊

豬或牛骨高湯 1/2 杯馬克杯，做法詳 P.20、P.21

材料 B

醬油、麻油少許

做法

1. 洋蔥、蔥、薑、蒜、馬鈴薯和少許水放入果汁機攪打。

2. 所有材料投入馬克杯，加入高湯至八分滿，攪拌均勻，放入電鍋，外鍋加 1.5 量米杯水，待開關跳起，再燜 15 分鐘。

RICE

燉飯

● 馬克杯白飯（1 人份）

分量
大馬克杯 1 杯

◎煮新鮮白米飯
材料
米 1/2 量米杯
水 1/2 量米杯

做法
1. 米洗淨與水放入馬克杯，浸泡 30 至 45 分鐘。
2. 放入電鍋，外鍋加 1.5 量米杯水，待開關跳起，再燜 15 至 20 分鐘。

◎煮糙米飯或胚芽米飯
材料
米 0.5 杯量米杯
水 0.7 杯量米杯
油 1/2 茶匙（小匙）

做法
1. 米洗淨與水放入馬克杯，浸泡 2 至 4 小時。
2. 放入電鍋，外鍋加 1.5 量米杯水，待開關跳起，再燜 15 至 20 分鐘。

煮剛收成的白米新米，米水比例為 1：1 ～ 1.1。
煮收割久的白米舊米，米水比例為 1：1.2 ～ 1.3。
煮糙米，米水比例為 1：1.4，並加 1/2 茶匙（小匙）油。

● 馬克杯油飯

分量
大馬克杯 1 杯

材料
糯米約 1/2 量米杯
香菇、蝦米、肉絲,共 1/5 量米杯
水約 1/2 量米杯
醬油 1/3 大匙、糖少許

做法
1. 糯米洗淨,浸泡 30 至 45 分鐘。香菇泡軟切絲,蝦米泡軟備用。
2. 所有材料投進馬克杯拌勻,放入電鍋,外鍋加 1.5 量米杯水,待開關跳起,再燜 15 至 20 分鐘。

對糯米較不適應者,也可換成平日食用的白米、胚芽米或糙米。

● 馬克杯高麗菜飯

分量
大馬克杯 1 杯

材料
米 1/2 量米杯
紅蘿蔔去皮切丁 2 大匙
高麗菜或大白菜切丁 2 大匙
培根切丁 2 大匙
豬骨高湯 1/3 量米杯，做法詳 P.20

做法
1. 所有材料投進馬克杯拌勻，浸泡 30 至 45 分鐘。
2. 馬克杯放入電鍋，外鍋加 1.5 量米杯水，待開關跳
   起，再燜 15 至 20 分鐘。

培根已有鹹味，固可不加鹽。培根也可以改為火腿、黑胡椒
豬肉等其他醃肉製品。

● 義式蕈菇馬克杯燉飯

分量
大馬克杯 2 杯（飯 1 杯、義式蕈菇 1 杯）

材料

材料 A
白米 1/2 量米杯
萬用雞骨高湯 1/2 量米杯，做法詳 P.18

材料 B
橄欖油 1 茶匙（小匙）
洋蔥切碎 1 大匙
大蒜 1 個去膜切碎
芹菜切末 1 茶匙（小匙）
新鮮香菇 1 朵切丁
洋菇 2 至 3 朵切丁
去骨雞腿肉 4 至 6 小塊
水 1/2 量米杯

材料 C
鹽少許
奶油少許
帕瑪森起司少許
義式香草或羅勒少許

做法
1. 所有材料 A 投進馬克杯 A 拌勻，浸泡 30 至 45 分鐘。
2. 所有材料 B 投進馬克杯 B 拌勻。
3. 2 杯馬克杯一起放入電鍋，外鍋加 1.5 量米杯水，待開關跳起後，再燜 15 至 20 分鐘，在馬克杯 B 加料 C 調味後，再燜 3 分鐘。最後將煮好的義式蕈菇淋在飯上即完成。

1. 雞肉也可換成培根，做成培根蕈菇燉飯。培根的味道已經足夠，最後不必灑鹽。
2. 進階做成焗烤：馬克杯 B 上放滿乳酪絲，再進行加熱步驟。

● 黑啤酒雞肉馬克杯燉飯

分量
大馬克杯 1 杯

材料
白米 1/2 量米杯
黑啤酒 1/2 量米杯
豌豆或毛豆 2 大匙
去骨雞腿肉 4 至 6 小塊
柴魚醬油 1 茶匙（小匙）

做法
所有材料投進馬克杯，浸泡 30 至 45 分鐘。拌勻後放入電鍋，外鍋加 1.5 量米杯水，待開關跳起，再燜 15 至 20 分鐘。最後灑少許鹽。

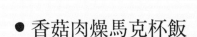

● 香菇肉燥馬克杯飯

分量
大馬克杯 2 杯（飯 1 杯，肉燥 1 杯）

材料

材料 A
白米 1/2 量米杯
水 1/2 量米杯

材料 B
大朵新鮮香菇 1 朵，去蒂，切小丁
絞肉 1/2 杯馬克杯
醬油 1/4 量米杯
水 1/2 量米杯
糖 1/2 茶匙（小匙）

做法
1. 所有材料 A 投進馬克杯 A，浸泡 30 至 45 分鐘。
2. 所有材料 B 放入馬克杯 B 拌勻。
3. 將兩個馬克杯一起放入電鍋，外鍋加 1.5 量米杯水，待開關跳起，再燜 15 至 20 分鐘。
   依個人喜好，取煮好的材料 B 淋在飯上即可。

● 茶碗蒸馬克杯燉飯

分量
大馬克杯 1 杯

材料
材料 A
熟飯 1/2 量米杯
蛋 1 顆
水 2/3 量米杯
柴魚醬油 1/2 大匙

材料 B
海苔剪為細絲或煮熟的蔬菜丁，2 大匙

做法
所有材料 A 投進馬克杯，攪拌均勻。放入電鍋，外鍋加
1/2 量米杯水，待開關跳起再燜 15 至 20 分鐘。最後灑上
材料 B。

TiPs

水與柴魚醬油也可替換為 2/3 量米杯的昆布柴
魚高湯，做法詳 P.16。

● 蘋果雞肉馬克杯燉飯

分量

大馬克杯 2 杯（飯 1 杯，蘋果雞肉 1 杯）

材料

材料 A

白米 1/2 量米杯

萬用雞骨高湯 1/2 量米杯，做法詳 P.18

材料 B

蘋果 1/4 顆，去皮去籽切小丁

洋蔥切碎取 1 大匙

甜椒切丁取 1 大匙

高麗菜葉 2 片，切小片

大朵新鮮香菇 1 朵切絲

秀珍菇 3 朵切絲

去骨雞腿肉 4 至 6 小塊

牛奶 1/4 杯馬克杯

萬用雞骨高湯 1/4 杯馬克杯

起司粉 1 大匙

做法

1. 所有材料 A 投進馬克杯 A，浸泡 30 至 45 分鐘。
2. 所有材料 B 放入馬克杯 B，拌勻。
3. 將兩個馬克杯放入電鍋，外鍋加 1.5 量米杯水，待開關跳起再燜 15 至 20 分鐘。馬克杯 B 加少許鹽調味，淋在飯上即可。

進階做成焗烤：馬克杯 B 完成品放滿乳酪絲，再進行加熱步驟。

● 青醬蛤蜊馬克杯燉飯

分量

大馬克杯 2 杯（飯 1 杯、青醬蛤蜊 1 杯）

材料

材料 A

米 1/2 量米杯

萬用雞骨高湯 1/2 量米杯，做法詳 P.18

材料 B

蛤蜊 8 顆

青醬 2 大匙

做法

1. 材料 A 投進馬克杯 A，浸泡 30 至 45 分鐘。
2. 材料 B 投入馬克杯 B。
3. 馬克杯放入電鍋，外鍋加 1.5 量米杯水，按下開關，待開關跳起再燜 15 至 20 分鐘。最後，將煮好的材料 B 淋在飯上即完成。

自製青醬

材料：

松子 4 大匙

羅勒葉 1 碗

蒜頭 2 瓣去膜

鹽 1/4 茶匙（小匙）

帕瑪森起司粉 3 大匙

橄欖油半杯量米杯

做法：

1. 所有材料放進果汁機打成泥狀，完成青醬。
2. 留下當次需使用部分，其餘投入玻璃罐，在電鍋放置隔熱架，將玻璃罐移入電鍋，外鍋加半杯量米杯溫水，煮熟後靜置待涼，玻璃罐蓋上蓋子，放入冰箱冷藏。

自製紅醬

材料：

牛蕃茄 2 個，切小塊

蒜頭 2 瓣去膜

鹽 1/4 茶匙（小匙）

橄欖油半杯量米杯

做法：

1. 所有材料放進果汁機打成泥狀，完成紅醬。
2. 留下當次需使用部分，其餘投入玻璃罐，在電鍋放置隔熱架，將玻璃罐移入電鍋，外鍋半杯量米杯溫水，煮熟後靜置待涼，玻璃罐蓋上蓋子，放入冰箱冷藏。

Tips

1. 松子也可以換成腰果或核桃等堅果。
2. 羅勒葉也可換成九層塔。先用沸水汆燙，可避免變色。
3. 青醬除了用來做義大利麵或燉飯，也可以當麵包的抹醬。
4. 米也可以換成顆粒狀的造型義大利麵，做成青醬義大利麵。
5. 同場加映自製紅醬，與絞肉同煮即可做成蕃茄肉醬料理。

● 整顆蕃茄馬克杯燉飯

分量

大馬克杯 1 杯

材料

材料 A

白米 1/2 量米杯

水 2/5 量米杯

牛蕃茄 1 顆，去蒂

橄欖油 1 茶匙（小匙）

新鮮玉米粒 2 大匙

材料 B

帕瑪森起司少許、黑胡椒少許、鹽 1/2 茶匙（小匙）

做法

所有材料 A 投進馬克杯，浸泡 30 至 45 分鐘，整顆牛蕃茄放在上面。放入電鍋，外鍋加 1.5 量米杯水，待開關跳起再燜 15 至 20 分鐘。最後加材料 B 調味。

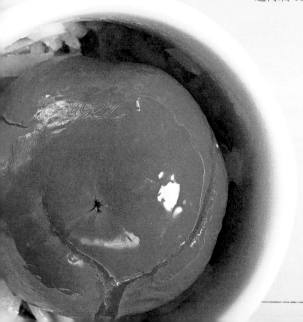

鹹粥

● 蔬菜馬克杯鹹粥

分量

大馬克杯 1 杯

材料

飯 1/2 杯量米杯

新鮮香菇 1 朵，切絲

洋菇 3 朵，切片

牛蕃茄 1/4 顆，切小塊

黑木耳 1 小片，切絲

高麗菜葉 1 至 2 大片切為小片

紅蘿蔔刨絲 1 大匙

蔬菜高湯半杯馬克杯，做法詳 P.15

做法

所有材料投進馬克杯，加入高湯與溫水至七分滿，拌勻後放入電鍋，外鍋加 1.5 量米杯水，待開關跳起再燜 15 分鐘。加少許鹽調味。

TIPS

1. 新鮮香菇也可換成乾香菇，需事先泡軟。
2. 高湯也可以換成牛奶，煮成蔬菜牛奶粥。

● 馬克杯海鮮粥

分量
大馬克杯 1 杯

材料
飯 1/2 杯量米杯
肉絲 3 大匙
蝦仁 5 尾
蛤蜊 5 至 8 顆
高麗菜葉 1 至 2 大片，切小片備用
芹菜 1 根切末
昆布柴魚高湯或小魚乾高湯半杯馬克杯，做法詳
P.16、P.17

做法
所有材料投進馬克杯，加入高湯與溫水至七分滿，
拌勻後放入電鍋，外鍋加 1.5 量米杯水，待開關跳
起後再燜 15 分鐘。

蝦仁與蛤蜊的組合富含鮮味與鹹味，故可不加鹽。

● 鮭魚蔬菜馬克杯燕麥粥

分量

大馬克杯 1 杯

材料

燕麥 1/2 杯量米杯

鮭魚 1/3 個手掌大，切為 4 小塊

西洋芹半根，切為 2 至 3 段

黑木耳 1 小片，切絲

新鮮香菇 1 朵，切絲

白花椰菜或高麗菜切小片 2 大匙

紅蘿蔔小丁 1 大匙

蔬菜高湯半杯馬克杯，做法詳 P.15

做法

1. 所有材料投進馬克杯，加入高湯與溫水至七分滿，拌勻後放入電鍋，外鍋加 1.5 量米
杯水，待開關跳起後再燜 15 分鐘。

2. 取出西洋芹，加少許鹽調味。

新鮮香菇也可換成乾香菇，需事先泡軟。

● 枸杞紅棗雞肉馬克杯鹹粥

分量

大馬克杯 1 杯

材料

飯 1/2 杯量米杯

枸杞 10 個

紅棗 3 至 5 個

去骨雞腿肉 4 至 6 小塊

做法

所有材料投進馬克杯，加入溫水至七分滿，拌勻後放入電鍋，外鍋加 1.5 量米杯水，待開關跳起後再燜 15 分鐘。加少許鹽調味。

● 南瓜雞肉馬克杯鹹粥

分量

大馬克杯 1 杯

材料

飯 1/2 杯量米杯

去骨雞腿肉 4 至 6 小塊

南瓜切小丁 3 大匙

牛奶 2 至 3 大匙

水或萬用雞骨高湯半杯馬克杯，做法詳 P.18

義式香草少許

做法

所有材料投進馬克杯，加入高湯與牛奶至七分滿，拌勻後放入電鍋，外鍋加 1.5 量米杯水，待開關跳起再燜 15 分鐘。加少許鹽與義式香草調味。

● 皮蛋瘦肉馬克杯鹹粥

分量

大馬克杯 1 杯

材料

材料 A

飯 1/2 量米杯

皮蛋 1 顆，切碎

肉絲 2 至 3 大匙

水或豬骨高湯半杯馬克杯，做法詳 P.20

材料 B

青蔥半根，切碎成蔥花

做法

所有材料 A 投進馬克杯，加入高湯與溫水至七分滿，拌勻後放入電鍋，外鍋加 1.5 量米
杯水，待開關跳起再燜 15 分鐘。最後灑上蔥花，加少許鹽調味。

● 芋頭肉絲馬克杯鹹粥

分量

大馬克杯 1 杯

材料

飯 1/2 杯量米杯

新鮮香菇 1 朵，切絲

芋頭去皮刨絲或切小丁 3 大匙

西洋芹半根，切為 2 至 3 段

肉絲 2 至 3 大匙

水或豬骨高湯半杯馬克杯，做法詳 P.18

做法

1. 所有材料投進馬克杯，加入高湯與溫水至七分滿，拌勻後放入電鍋，外鍋加 1.5 量米杯水，待開關跳起再燜 15 分鐘。
2. 取出西洋芹，加少許鹽調味。

1. 新鮮香菇也可換成乾香菇，需事先泡軟。
2. 肉絲也可換成松阪豬肉絲，口感更佳。

● 竹筍肉絲馬克杯鹹粥

分量

大馬克杯 1 杯

材料

飯 1/2 杯量米杯

綠竹筍 1/4 根，切絲

新鮮香菇 1 朵，切絲

紅蘿蔔刨絲或切小丁，1 大匙

蝦米 1 茶匙（小匙）

芹菜半根，切碎

肉絲 3 大匙

水或豬骨高湯半杯馬克杯，做法詳 P.20

做法

所有材料投進馬克杯，加入高湯與溫水至七分滿，拌勻後放入電鍋，外鍋加 1.5 量米杯
水，待開關跳起再燜 15 分鐘。加少許鹽調味。

1. 新鮮香菇也可換成乾香菇，需事先泡軟。
2. 肉絲也可換成松阪豬肉絲，口感更佳。

● 起司牛奶玉米馬克杯鹹粥

分量
大馬克杯 1 杯

材料
白飯 1/2 杯量米杯
帕瑪森起司 3 大匙
新鮮玉米粒 3 大匙
紅蘿蔔小丁，1 大匙
培根或火腿切小丁，1 大匙
洋菇 1 朵，切碎
牛奶半杯馬克杯

做法
所有材料投進馬克杯，加入牛奶至七分滿，拌勻後放入電
鍋，外鍋加 1.5 量米杯水，待開關跳起再燜 15 分鐘。加
少許鹽、糖調味。

如無培根或火腿也可以換成炒香的絞肉。

● 滑蛋牛肉馬克杯鹹粥

分量

大馬克杯 1 杯

材料

飯 1/2 量米杯

牛肉火鍋片 5 至 8 片

牛骨高湯半杯馬克杯，做法詳 P.21

蛋 1 顆

青蔥半根，切碎成蔥花

做法

1. 飯、肉片、高湯投入馬克杯，放入電鍋，外鍋加 1 量米杯水，按下開關，待開關跳起再燜 10 分鐘。

2. 加入蛋打散，外鍋加 1/2 量米杯水，按下開關，待開關跳起再燜 10 分鐘。

3. 取出加少許鹽拌勻，趁熱灑上蔥花。

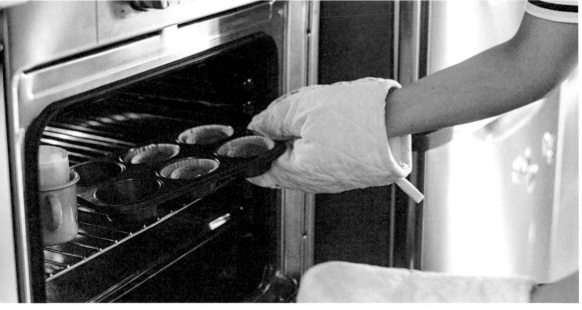

特別篇 2

Before Bakery

在開始製作馬克杯蛋糕之前，這個特別篇裡介紹了烘培裡重要的〈測量單位〉，讓新手料理人能夠馬上抓到分量的要訣；在〈工具與方法〉裡介紹了加熱方法和馬克杯蛋糕相關的種種事項；在〈食材篇〉裡介紹幾種可以在家自製的烘培基本配方，如自製香草糖、自發麵粉和自製鬆餅粉等等，希望大家讀了之後可以試著動手做做看，一定會有美味的蛋糕出現喔。

食譜單位說明

本書裡指的 1 杯為西式量杯，大約為 240 毫升。

如果家中沒有西式量杯，可以利用現有器具換算。

例如：1 碗家用中式碗約 200 毫升。

1 杯量米杯約為 180 毫升。

1 大匙（tablespoon），為烘焙量匙，大約為 15 毫升。

1 茶匙（teaspoon），為烘焙茶匙（小匙），大約為 5 毫升。

食材容積與重量換算參考表

液態食材（單位：公克）

食材 \ 量匙	1 大匙	1 茶匙（小匙）
水	15	5
牛奶	15	5
豆漿	15	5
蜂蜜	22	7
楓糖	20	7
植物油	13	4
果汁	15	5

固態食材（單位：公克）

食材 \ 量匙	1 大匙	1 茶匙（小匙）
低筋麵粉	12	4
自發麵粉	12	4
在來米粉	10	3
奶粉	7	2
細砂糖	15	5
糖粉	12	4
鹽	15	5
泡打粉	9	3

簡單的器具

馬克杯食譜均採量匙設計，工具非常單純，基本上只要擁有一組量匙、馬克杯、筷子或叉子就可以製作馬克杯蛋糕。加熱方式可以採用微波爐、烤箱、電鍋均可，極為方便。

● 基礎工具

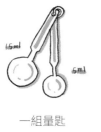

一組量匙

馬克杯

筷子或叉子

● 加熱工具

微波爐

可定溫烤箱

電鍋

馬克杯的容量

本書的馬克杯蛋糕食譜多為一杯馬克杯的分量,從材料放入到烘烤全程可以一杯完成,不用清洗多餘的鍋碗瓢盆。

● 大馬克杯

為適合一般大人使用的馬克杯,容量約為 400 至 450 毫升。倘若希望蛋糕成品浮出杯緣,可以使用 250 毫升至 300 毫升的小馬克杯。

● 小馬克杯

適合愛吃甜點又擔心熱量的人,或者適合小孩,容量大約為 200 至 250 毫升。一杯大馬克杯分量的麵糊,也可放入兩杯小馬克杯烘烤。

馬克杯的材質

● 一般陶瓷

建議使用知名的國際品牌,且杯子內部顏色為原色或白色的馬克杯。杯子內部色彩鮮豔的杯子雖然美麗,但有重金屬疑慮,建議避免。

● 琺瑯

若使用琺瑯材質的馬克杯,需注意杯內琺瑯是否破損,如果破損了,有生鏽之虞,建議更換。

● 不鏽鋼

不鏽鋼馬克杯應選擇原料為不鏽鋼 304 以上的馬克杯,至少需為食品容器等級。

馬克杯蛋糕的攪拌工具

這本食譜的最高宗旨是輕便,全書的攪拌工具都很簡單,只要使用家裡現有的筷子或叉子即可。

加熱的方法

● 三種加熱方法比較圖

① 用微波爐，有如台地

② 用烤箱，有如小山

③ 用電鍋，顏色偏白，呈淡黃色

● 不同外型的馬克杯放進微波爐，會烤出不同形狀的蛋糕

① 上窄下寬的馬克杯，蛋糕表面會往內縮

② 圓筒狀的馬克杯，平均隆起最好看！

③ 上寬下窄的小馬克杯，蛋糕會往單側甩出

④ 上寬下窄的大馬克杯，蛋糕與杯壁縫隙大或是蛋糕體傾斜

● 使用微波爐加熱

適合材質｜適合標示可以微波的陶瓷馬克杯或玻璃杯。不能使用所有金屬、金屬鑲邊、PVC 等材質、或不耐高溫的馬克杯。

加熱時間｜倘若使用微波爐，建議選用輸出功率 600 瓦以上者，以功率 800 瓦為例，微波馬克杯蛋糕需時 1 分 40 秒。

時間調整｜可依自家微波爐功率微調時間，時間在 1 分 30 秒至 2 分 30 秒之間。

微波爐功率	參考加熱時間
900 瓦	1 分 30 秒
800 瓦	1 分 40 秒至 1 分 50 秒
700 瓦	1 分 50 秒至 2 分鐘
600 瓦	2 分 10 秒

第一次做馬克杯蛋糕，先找出最適合自家微波爐的加熱時間！

各家微波爐功率不同，即使功率相同，加熱能力也會有些差異，建議第一次做蛋糕，可以先微波 1 分鐘 30 秒，之後以 10 秒遞增調整，找出最適合自家微波爐的時間。

利用木頭筷子、竹籤或免洗筷子插入蛋糕體底部，沒有沾黏麵糊，就表示蛋糕熟了。通常800 瓦微波爐烤馬克杯蛋糕需時 1 分 40 秒至 1 分 50 秒。

微波爐功率與加熱時間換算公式：800 瓦 ×100 秒 ÷ 微波爐輸出功率＝加熱時間

● 使用烤箱加熱

適合材質｜適合標示可以進烤箱的陶瓷、琺瑯、不鏽鋼馬克杯。

加熱時間｜在已預熱的烤箱裡，用攝氏 160 至 190 度烘烤 25 至 35 分鐘。

時間與溫度調整｜

本書食譜均建議使用耐高溫植物油，比如酪梨油、玄米油、葡萄籽油、核桃油等，一般烘烤溫度為攝氏 180 至 190 度，時間約為 25 至 35 分鐘。在比較濕潤的食譜中，比如牛奶使用3 大匙的食譜，用攝氏 190 度烘烤，約需時 35 分鐘。如將麵糊分裝至兩個馬克杯，烘烤時間可減至 20 至 25 分鐘。

倘若想將植物油換成融化的奶油也可，建議以攝氏 160 至 170 度烘烤，以免烘烤溫度超過油品冒煙點，造成油品變質，而烘烤時間則需拉長。

麵糊也可分裝在連杯烤盤，亦稱馬芬烤模，先刷層油或墊張烘焙紙杯防沾黏，或使用矽膠杯模，再倒入麵糊，高度不可超過模具八分滿，放入預熱好的烤箱，以攝氏 180 度旋風烘烤 15 分鐘。一個馬克杯蛋糕，可做 4 至 6 小杯的杯子蛋糕。

小烤箱烘烤法｜

麵糊分裝在可單獨使用的烘焙紙杯或矽膠杯，先預熱好烤箱，再放入模具與麵糊，烘烤 10 分鐘後蛋糕表面結為固體，打開烤箱，在蛋糕上蓋張烘焙紙，讓蛋糕受熱較為均勻，避免表面被烤焦、內部不熟，繼續烘烤至蛋糕體熟透為止。

● 使用電鍋加熱

適合材質｜適合陶瓷、不鏽鋼、琺瑯材質的馬克杯。若使用陶瓷馬克杯，建議在電鍋底部放置隔熱架，受熱較為均勻，避免杯子碎裂。

創意用法｜電鍋也可以做馬克杯蛋糕！用電鍋來做馬克杯蛋糕，在技巧上一定要注意先預熱，且攪拌動作要快，別讓預熱好的電鍋冷卻。做法可分為兩種：

做法① 墊隔熱架蒸蛋糕：

倘若使用電鍋蒸蛋糕，以十人份電鍋為例，可以放入 4 個馬克杯，外鍋加 1.5 杯量米杯水，待開關跳起，再燜 15 分鐘。適合陶瓷、不鏽鋼、琺瑯材質的馬克杯，成品會呈現淡黃色，比一般蛋糕的成色淺，口感類似蒸糕。倘若不喜歡蛋糕太濕潤，可在鍋蓋邊緣墊一張廚房紙巾或小毛巾。

做法② 不墊隔熱架乾烤蛋糕：

可用琺瑯或不鏽鋼材質，直接貼著電鍋外鍋烘烤。不加水、不用隔熱架、保溫功能開著，「按下開關，等電鍋跳起，不開鍋蓋，靜置 10 分鐘」，再重複此一步驟。「按開關，靜置 10 分鐘」大約需要重複 5 次左右。

想知道蛋糕有沒有烤好？用木頭筷子或叉子插進蛋糕體，沒有沾黏麵糊就是烤好了。

這個做法的蛋糕底部會有烘烤與上色的效果，香氣也比較近似烤箱烘烤蛋糕，雖然比較麻煩，但也提供給沒有烤箱與微波爐的電鍋愛用人。

使用電鍋時，何時放置隔熱架呢？

不放隔熱架的情況：煮湯、乾烤蛋糕時。

要放隔熱架的情況：濕烤蛋糕時，可放隔熱架。煮粥、煮飯時，建議放置隔熱架，以免燒焦。

如使用蒸爐或水波爐取代電鍋，蒸煮時間如何設定？

食譜中電鍋外鍋水量	蒸爐或水波爐設定蒸煮時間
0.5 量米杯水	15 分鐘
1 量米杯水	20 分鐘
1.5 量米杯水	25 分鐘
2 量米杯水	30 分鐘
3 量米杯水	45 分鐘

● 如何確定蛋糕烤好了沒？

各家微波爐、烤箱、電鍋的加熱能力不同，如何確認蛋糕是否烤好了呢？利用木頭筷子、竹籤或免洗筷子插入蛋糕體底部，沒有沾黏麵糊，就表示蛋糕熟了。倘若沒熟，微波爐可採 10 秒為一加熱單位，烤箱可採 5 分鐘為一加熱單位，電鍋以 10 分鐘為一加熱單位，再次加熱與確認。

馬克杯蛋糕的善後工作

馬克杯食譜的宗旨是一杯到底，不用清洗多餘的容器。

● 用微波爐烤蛋糕
麵糊高度｜建議倒入的麵糊不要超過馬克杯高度的一半，以免蛋糕烘烤時溢出。
清洗技巧｜使用微波爐烘烤蛋糕，馬克杯很好清理，只需要水和菜瓜布即可輕鬆洗淨。

● 用烤箱或電鍋烤蛋糕
麵糊高度｜建議倒入的麵糊不要超過馬克杯高度的八成，以免蛋糕烘烤時溢出。
清洗技巧｜
使用烤箱或電鍋烘烤蛋糕，馬克杯的杯壁易黏著蛋糕殘渣，不易清洗，可以採用下列方式改善：
1. 先浸泡熱水，有助殘渣軟化，較易清洗。
2. 使用三個馬克杯，在一個馬克杯內攪拌，在其他兩個馬克杯內墊烘焙紙杯或烘焙紙，再倒入麵糊烘烤，如此一來，每個杯子都容易清洗。

怎麼吃馬克杯蛋糕？

● 用湯匙吃！你一口我一口

直接用湯匙挖起來吃

● 倒扣分切！你一塊我一塊

1. 倘若使用微波爐製作馬克杯蛋糕，蛋糕會和杯壁自然脫開，可以輕易倒出蛋糕體。

2. 倘若使用烤箱或電鍋做馬克杯蛋糕，也可以在馬克杯內墊蛋糕紙杯或烘焙紙，烤完放涼倒
   扣，連同紙杯取出。

3. 倘若使用兩個馬克杯，

①

在一個杯子內攪拌，另一個杯
子內刷上薄薄一層油

②

再倒入麵糊

③

烤完後放涼

④

利用刀背在蛋糕周圍沿著
杯子畫一圈，讓蛋糕周圍
與杯子分離

⑥

讓蛋糕底部與杯子分離

⑤

再畫第二圈並逐步往
蛋糕內側擠壓

⑦

最後倒扣脫模

油

一般蛋糕會使用奶油增添奶香味，其實在馬克杯蛋糕的操作上，使用植物油更為簡便，因為不需要再多一道融化奶油的程序。此外，使用植物油烘烤的蛋糕體在常溫下口感更軟，油的使用量少，熱量較低，對身體也比較沒有負擔。建議選擇耐高溫且氣味較為清淡的植物油，比如酪梨油、玄米油、葡萄籽油、核桃油等。

無糖豆漿

本書裡有不少利用豆漿而非牛奶製作的食譜，使用的是無糖豆漿。但是如果家中沒有無糖豆漿，換成有糖豆漿也可以，只要在食譜的糖量酌量減少即可。

無鋁泡打粉

為了減少烘焙難度，本書的蛋糕食譜均使用泡打粉，然一般泡打粉大多含鋁，有礙健康，建議使用市售無鋁泡打粉或自己調製無鋁泡打粉。如果不想使用泡打粉，可採蛋白打發法來製造蛋糕體內的孔隙。先將蛋白加入糖打發，再加入其餘材料，便可不用泡打粉。（無鋁泡打粉品牌：德國 Lecker's 泡打粉、美國 RUMFORD 無鋁泡打粉。）

自製無鋁泡打粉

材料
塔塔粉
食用級小蘇打粉
非基因改造玉米粉

做法

① 塔塔粉：小蘇打粉：玉米粉的體積比為 2：1：1

② 將所有材料攪拌均勻，放入密封保存盒，

③ 置於陰涼處或冰箱冷藏。

天然的塔塔粉為葡萄酒釀造過程自然生成的產物。小蘇打粉建議選用食用級為佳，用不完的小蘇打粉還可用來清潔碗盤或蔬果。玉米粉在中式料理中常用於勾芡，建議選擇非基因改造者。

糖

如無特別說明，糖用的是一般的細砂糖。食譜中的香草糖也可以換成一般細砂糖。我很推薦讀者養一盆香草糖聚寶盆，能讓你的蛋糕風味更佳！

數年前紅茶連鎖店茶飲被驗出香豆素，那是一種致癌的人工化學添加物，當時掀起軒然大波。約莫那陣子開始，我開始在廚房裡養一盆「聚寶盆」，也就是香草糖，香草豆莢會緩慢釋放出精油將糖染上天然的香氣，味道愈久愈香醇，每取出使用的同時再添加新糖進去，整盆香草糖源源不絕就像是聚寶盆一樣。市售香草精與香草粉常有人工添加物，食不安心，自製香草糖保證天然，可搭配咖啡、紅茶使用，或用於烘焙，非常實用。

自製香草糖

材料
1. 香草豆莢 2 至 3 支。
2. 糖 1 至 2 碗。

做法 1. 直接混合法
半個月後可以使用。

① 直接將香草剪成數段放入糖中，

② 每隔幾天就將玻璃罐搖晃一下，混合均勻。

做法 2. 物盡其用法

馬上用香草籽，半個月後可以使用香草糖。

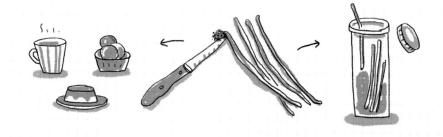

②
用來烘焙、做冰淇淋、
煮紅茶、做布丁等。

①
將豆莢剖半，用刀子或湯
匙刮下香草籽。

③
剩餘豆莢剪段置入糖罐，
如果你的糖罐長得高高瘦
瘦的，可以放下整支香草
莢，那麼不用剪，直接將
整支豆莢放進去糖罐裡。

做法 3. 粉身碎骨法
隨時可用。

① | ② | ③

將豆莢與糖放入食物調理
機、磨豆機或果汁機等，

攪打成粉末

過篩就是香草糖粉。隨時可
以使用。這麼一來，不只香
草精的錢省下來，連烘焙常
用的糖粉都省下來囉！

● Q&A

Q：香草糖久了以後變得濕濕的、結塊了是正常的嗎？

A：香草豆莢會持續釋放出精油，讓糖愈來愈濕潤，這時候可以這麼做：

方法 1.

每隔兩三天至一週就把糖罐拿出來搖晃搖晃，讓糖與豆莢混合均勻。

方法 2.

香草糖要記得用它！取出一湯匙香草糖，就再放入一湯匙的新糖，並搖晃均
勻。因為一直有新糖加入，所以這盆香草糖會像聚寶盆一樣，取之不盡，用之
不竭。

自發麵粉與自製鬆餅粉

本書裡的蛋糕食譜均採用自發麵粉或自製鬆餅粉，兩者主要差異在於鬆餅粉有添加糖，可省去加糖的步驟。

自發麵粉只需要三種材料，在備料上可以節省不少時間。而自製鬆餅粉也非常簡單，只需要四種材料，可以一次配好分量，放在保存盒裡，需要時隨時取用。

我的廚房裡隨時準備好一罐自發麵粉與一罐自製鬆餅粉，想快速做蛋糕或鬆餅，就使用自製鬆餅粉，想搭配楓糖或果醬時就用自發麵粉。倘若對糖興趣缺缺，基本上使用自製鬆餅粉的食譜，鬆餅粉都可以直接替換為自發麵粉，成品再依需求淋上果醬、蜂蜜或楓糖即可。或者也可以直接將自製鬆餅粉的糖量依個人喜好減少。

倘若沒有時間調鬆餅粉，也可以買市售鬆餅粉，將食譜中的「自製鬆餅粉」直接換成市售的鬆餅粉即可。在選購鬆餅粉時，建議注意成分中的泡打粉為一般泡打粉或無鋁泡打粉，一般泡打粉通常含鋁，有礙健康，建議避免。既然都有自製鬆餅粉了，也可以利用平底鍋，隨時製作美式鬆餅。不管當早餐、下午茶、或宵夜，都是不錯的選擇。這裡一併提供省時製作鬆餅食譜。

自發麵粉

材料

低筋麵粉 1 又 1/4 杯（約 300 毫升，240 公克）

無鋁泡打粉 3/4 茶匙（約 2 公克）

鹽 1/3 茶匙（約 2 公克）

做法

① 所有材料拌勻　　　　② 放入密封保存盒　　　　③ 放置於陰涼處或冰箱冷藏

1. 倘若決定採用蛋白加入糖打發，不用泡打粉，則自發麵粉的無鋁泡打粉可直接取消。

2. 食譜中的鹽只有一點點，主要目的在於增加味覺層次，進而減少糖的使用量。

3. 這裡的 1 杯為西式量杯，大約為 240 毫升。如果家中沒有西式量杯，可以利用現有器具換算，例如：1 碗家用中式碗約 200 毫升。1 杯量米杯約為 180 毫升。

甜味的自製鬆餅粉

材料
低筋麵粉 1 1/4 杯（約 300 毫升，240 公克）
無鋁泡打粉 3/4 茶匙（約 2 公克）
鹽 1/3 茶匙（約 2 公克）
細砂糖或香草糖 1/2 杯（約 120 毫升，100 公克）

做法

①	②	③
所有材料拌勻	放入密封保存盒	放置於陰涼處或冰箱冷藏

1. 倘若決定採用蛋白加入糖打發，不用泡打粉，則自製鬆餅粉的無鋁泡打粉可直接取消。
2. 食譜中的鹽只有一點點，主要目的在於增加味覺層次，進而減少糖的使用量。
3. 這裡的 1 杯為西式量杯，大約為 240 毫升。如果家中沒有西式量杯，可以利用現有器具換算，例如：1 碗家用中式碗約 200 毫升。1 杯量米杯約為 180 毫升。

自製鬆餅粉應用篇：平底鍋煎美式鬆餅

材料

蛋 1 個

牛奶 6 大匙

耐高溫植物油 1 大匙

自製鬆餅粉 6 大匙，做法詳 P.89

做法

②
中火將平底不沾
鍋熱鍋，不加油，
以大湯匙舀起麵
糊倒入鍋中。

①
馬克杯中放入蛋、牛
奶、油，用叉子攪拌
均勻，再放入自製鬆
餅粉拌勻。

③
待表面出現小氣泡即可翻
面，再煎至上色。

TiPS

1. 麵糊攪拌時，請避免壓迫與過度攪拌，以免出筋影響口感。如果還留有少許
顆粒無妨，這些顆粒待鬆餅煎熟後就會消失。

2. 麵糊可以在睡前準備好，放在冰箱冷藏，隔天就能完成超省時早點，冰鎮一
夜的麵糊也會更鬆弛，讓鬆餅口感更好。

3. 牛奶也可以替換成無糖豆漿、蕃茄汁或紅蘿蔔汁，甚至其他蔬果汁，做成不
同口味的鬆餅。

自製在來米粉

材料
在來米白米 2 碗

做法

① 在來米用清水掏洗三次，放入不沾鍋拌炒至水乾。

② 放入可打乾物的果汁機，攪打至粉末狀。

③ 用湯匙挖起粉末至濾網刮壓過濾。

如使用免洗米，可省略步驟 1。

CAKE

家常
蛋糕

● 豆漿馬克杯蛋糕

分量
大馬克杯 1 杯

材料
蛋 2 顆

耐高溫植物油 1 大匙

無糖豆漿 2 大匙

香草糖 2 大匙

自發麵粉 5 大匙，做法詳 P.88

做法
1. 備好材料：

   馬克杯中放入蛋、油、豆漿、糖，用筷子或叉子攪拌均匀，再放入自發麵粉攪拌均匀。

2. 加熱：

   放入預熱好的烤箱，以攝氏 180 度烘烤 30 分鐘。若分裝至 4 至 6 個小杯子，可縮短烘烤時間為 15 至 20 分鐘。或者使用微波爐只要 1 分半至 2 分半。以輸出功率 800 瓦烘烤，需時 1 分 40 秒至 1 分 50 秒，其他功率與加熱時間，請參考 P.78。

   或者使用電鍋烘烤法，做法詳 P.79。

1. 如果家中沒有無糖豆漿，換成有糖豆漿也可以，細砂糖酌量減少即可。
2. 也可以加入 1 大匙黑芝麻粉增添香氣，或加入 1 大匙枸杞增加口感。

● 蜂蜜馬克杯蛋糕

分量

大馬克杯 1 杯

材料

蛋 1 顆

耐高溫植物油 1 大匙

牛奶 2 大匙

蜂蜜 2 大匙

自發麵粉 5 大匙，做法詳 P.88

做法

1. 備好材料：

   馬克杯中放入蛋、油、牛奶、蜂蜜，用筷子或叉子攪拌均勻，再放入自發麵粉攪拌均勻。

2. 加熱：

   放入預熱好的烤箱，以攝氏 180 度烘烤 30 分鐘。若分裝至 4 至 6 個小杯子，可縮短
   烘烤時間為 15 至 20 分鐘。

   或者使用微波爐只要 1 分半至 2 分半。以輸出功率 800 瓦烘烤，需時 1 分 40 秒至 1
   分 50 秒，其他功率與加熱時間，請參考 P.78。

   或者使用電鍋烘烤法，做法詳 P.79。

如欲增加口感，也可以加 1 大匙的堅果或奇亞籽。

● 香草馬克杯雞蛋糕

分量
大馬克杯 1 杯

材料
蛋 1 顆
耐高溫植物油 1 大匙
牛奶 3 大匙
香草豆莢 1 支，剖開刮下香草籽
自製鬆餅粉 6 大匙，做法詳 P.89
奶粉 1 大匙

做法
1. 備好材料：
   馬克杯中放入蛋、油、牛奶、香草籽，用筷子或叉子攪拌均勻，再放入自發麵粉和奶粉攪拌均勻。

2. 加熱：
   放入預熱好的烤箱，以攝氏 180 度烘烤 30 分鐘。若分裝至 4 至 6 個小杯子，可縮短烘烤時間為 15 至 20 分鐘。或者使用微波爐只要 1 分半至 2 分半。以輸出功率 800 瓦烘烤，需時 1 分 40 秒至 1 分 50 秒，其他功率與加熱時間，請參考 P.78。
   或者使用電鍋烘烤法，做法詳 P.79。

● 紅蘿蔔馬克杯蛋糕

分量

大馬克杯 1 杯

材料

蛋 1 顆

耐高溫植物油 1 大匙

紅蘿蔔汁 2 大匙

紅蘿蔔泥 4 大匙

自製鬆餅粉 6 大匙，做法詳 P.89

做法

1. 備好材料：

   馬克杯中放入蛋、油、紅蘿蔔汁、紅蘿蔔泥，用筷子或叉子攪拌均勻，再放入自製鬆
   餅粉攪拌均勻。

2. 加熱：

   放入預熱好的烤箱，以攝氏 180 度烘烤 30 至 35 分鐘。若分裝至 4 至 6 個小杯子，
   可縮短烘烤時間為 15 至 20 分鐘。

   或者使用微波爐只要 1 分半至 2 分半。以輸出功率 800 瓦烘烤，需時 1 分 40 秒至 1
   分 50 秒，其他功率與加熱時間，請參考 P.78

   或者使用電鍋烘烤法，做法詳 P.79。

● 新鮮鳳梨紅蘿蔔馬克杯蛋糕

分量
大馬克杯 1 杯

材料
蛋 1 顆
耐高溫植物油 1 大匙
紅蘿蔔泥 3 大匙
新鮮鳳梨小丁 1 大匙
自製鬆餅粉 6 大匙，做法詳 P.89
捏碎的核桃 1 大匙

做法

1. 備好材料：

   馬克杯中放入蛋、油、紅蘿蔔泥、鳳梨小丁，用筷子或叉子拌勻，再放入自製鬆餅粉
   拌勻，最後加入核桃。

2. 加熱：

   放入預熱好的烤箱，以攝氏 180 度烘烤 30 至 35 分鐘。若分裝至 4 至 6 個小杯子，
   可縮短烘烤時間為 15 至 20 分鐘。
   或者使用微波爐只要 1 分半至 2 分半。以輸出功率 800 瓦烘烤，需時 1 分 40 秒至 1
   分 50 秒，其他功率與加熱時間，請參考 P.78。
   或者使用電鍋烘烤法，做法詳 P.79。

1. 這道食譜融合軟至硬、酸至甜，口感及味道的層次很豐富。
2. 鳳梨小丁也可以改用鳳梨果醬，自製鳳梨醬做法詳見 P147。

● 芋頭馬克杯蛋糕

分量

大馬克杯 1 杯

材料

蛋 1 顆

耐高溫植物油 1 大匙

牛奶 2 大匙

芋頭刨細絲 4 大匙

松子 1 小匙

自製鬆餅粉 6 大匙，做法詳 P.89

做法

1. 備好材料：

   馬克杯中放入蛋、油、牛奶、芋頭絲、松子，用筷子或
   叉子攪拌均勻，再放入自製鬆餅粉攪拌均勻。

2. 加熱：

   放入預熱好的烤箱，以攝氏 180 度烘烤 30 至 35 分鐘。
   若分裝至 4 至 6 個小杯子，可縮短烘烤時間為 15 至 20
   分鐘。

   或者使用微波爐只要 1 分半至 2 分半。以輸出功率 800
   瓦烘烤，需時 1 分 40 秒至 1 分 50 秒，其他功率與加熱
   時間，請參考 P.78。

   或者使用電鍋烘烤法，做法詳 P.79。

● 千層紅蘿蔔馬克杯蛋糕

分量

大馬克杯 1 杯

材料

蛋 1 顆

耐高溫植物油 1 大匙

牛奶 3 大匙

自製鬆餅粉 5 大匙，做法詳 P.89

紅蘿蔔 1/3 根

杏仁片或捏碎的核桃 2 大匙

做法

1. 備好材料：

   馬克杯中放入蛋、油、牛奶，用筷子或叉子拌勻，再加入自製鬆餅粉拌勻。紅蘿蔔
   去皮，利用削皮器削成薄片，與杏仁片或核桃疊入拌勻的蛋奶液至五分滿。

2. 加熱：

   放入預熱好的烤箱，以攝氏 190 度烘烤 35 分鐘。

   或者使用微波爐只要 1 分半至 2 分半。以輸出功率 800 瓦烘烤，需時 1 分 40 秒至 1
   分 50 秒，其他功率與加熱時間，請參考 P.78。

   或者使用電鍋烘烤法，做法詳 P.79。

紅蘿蔔薄片盡量薄一點，可以使用削皮刀、削皮器，或有切薄片功能的調理器。疊入時採用平放堆
疊，並確保薄片都浸在蛋奶液中。

● 黑芝麻馬克杯蛋糕

分量
大馬克杯 1 杯

材料
蛋 1 顆
耐高溫植物油 1 大匙
牛奶 3 大匙
純黑芝麻粉 1 大匙
自製鬆餅粉 5 大匙，做法詳 P.89

做法
1. 備好材料：
   馬克杯中放入蛋、油、牛奶、黑芝麻粉，用筷子或叉子
   拌勻，再放入自製鬆餅粉拌勻。
2. 加熱：
   放入預熱好的烤箱，以攝氏 190 度烘烤 35 分鐘。若分
   裝至 4 至 6 個小杯子，可縮短烘烤時間為 15 至 20 分鐘。
   或者使用微波爐只要 1 分半至 2 分半。以輸出功率 800
   瓦烘烤，需時 1 分 40 秒至 1 分 50 秒，其他功率與加熱
   時間，請參考 P.78。
   或者使用電鍋烘烤法，做法詳 P.79。

也可加入切為 3 至 4 大匙切為小丁的
地瓜，做成黑芝麻地瓜馬克杯蛋糕。

● 千層蘋果馬克杯蛋糕

分量

大馬克杯 1 杯

材料

蛋 1 顆
耐高溫植物油 1 大匙
牛奶 3 大匙
自製鬆餅粉 5 大匙，做法詳 P.89
蘋果 1/2 顆

做法

1. 備好材料：

   馬克杯中放入蛋、油、牛奶，用筷子或叉子拌勻，再放入自製鬆餅粉拌勻。蘋果去皮
   去核，利用削皮器削成薄片，再疊入拌勻的蛋奶液至五分滿。

2. 加熱：

   放入預熱好的烤箱，以攝氏 190 度烘烤 35 分鐘。

   或者使用微波爐只要 1 分半至 2 分半。以輸出功率 800 瓦烘烤，需時 1 分 40 秒至 1
   分 50 秒，其他功率與加熱時間，請參考 P.78。

   或者使用電鍋烘烤法，做法詳 P.79。

蘋果薄片盡量薄一點，可以使用削皮刀、削皮器，或有切薄片功能的調理器。疊入時採用水平堆疊，
並確保薄片都浸在蛋奶液中。

● 千層地瓜馬克杯蛋糕

分量
大馬克杯 1 杯

材料
蛋 1 顆
耐高溫植物油 1 大匙
牛奶 3 大匙
自製鬆餅粉 5 大匙，做法詳 P.89
拳頭大的地瓜 1/2 顆

做法
1. 備好材料：
   馬克杯中放入蛋、油、牛奶，用筷子或叉子拌勻，再加入自製鬆餅粉拌勻。地瓜去皮，
   利用削皮器削成薄片，再疊入拌勻的蛋奶液至五分滿。
2. 加熱：
   放入預熱好的烤箱，以攝氏 190 度烘烤 35 分鐘。
   或者使用微波爐只要 1 分半至 2 分半。以輸出功率 800 瓦烘烤，需時 1 分 40 秒至 1
   分 50 秒，其他功率與加熱時間，請參考 P.78。
   或者或者使用電鍋烘烤法，做法詳 P.79。

地瓜薄片盡量薄一點，可以使用削皮刀、削皮器，或有切薄片功能的調理器。疊入時採用平放堆疊，
並確保薄片都浸在蛋奶液中。

● 紅龍果馬克杯蛋糕

分量

大馬克杯 1 杯

材料

蛋 1 顆

耐高溫植物油 1 大匙

紅龍果泥 3 大匙

自製鬆餅粉 7 大匙，做法詳 P.89

做法

1. 備好材料：

   馬克杯中放入蛋、油、紅龍果泥，用叉子拌勻，再加入
   自製鬆餅粉拌勻。

2. 加熱：

   放入預熱好的烤箱，以攝氏 180 度烘烤 30 至 35 分鐘。
   若分裝至 4 至 6 個小杯子，可縮短烘烤時間為 15 至 20
   分鐘。

   或者使用微波爐只要 1 分半至 2 分半。以輸出功率 800
   瓦烘烤，需時 1 分 40 秒至 1 分 50 秒，其他功率與加熱
   時間，請參考 P.78。

   或者使用電鍋烘烤法，做法詳 P.79。

● 香蕉馬克杯蛋糕

分量

大馬克杯 1 杯

材料

蛋 1 顆

耐高溫植物油 1 大匙

牛奶或無糖豆漿 1 小匙

香蕉泥 4 大匙

自製鬆餅粉 6 大匙，做法詳 P.89

做法

1. 備好材料：

   馬克杯中放入蛋、油、牛奶或無糖豆漿、香蕉泥，用叉子拌勻，再加入自製鬆餅粉拌勻。

2. 加熱：

   放入預熱好的烤箱，以攝氏 180 度烘烤 30 至 35 分鐘。若分裝至 4 至 6 個小杯子，可縮短烘烤時間為 15 至 20 分鐘。

   或者使用微波爐只要 1 分半至 2 分半。以輸出功率 800 瓦烘烤，需時 1 分 40 秒至 1 分 50 秒，其他功率與加熱時間，請參考 P.78。

   或者使用電鍋烘烤法，做法詳 P.79。

1. 請選長黑斑的熟透香蕉，利用叉子背部壓成泥狀。
2. 也可加入 1 至 2 大匙的可可豆，做成香蕉可可馬克杯蛋糕。

● 草莓藍莓馬克杯蛋糕

分量
大馬克杯 1 杯

材料
蛋 1 顆
耐高溫植物油 1 大匙
草莓牛奶 1 小匙
草莓 5 至 8 個，去蒂切小丁或薄片
藍莓 5 至 8 個
自製鬆餅粉 6 大匙，做法詳 P.89

做法
1. 備好材料：
   馬克杯中放入蛋、油、牛奶、草莓、藍莓，用叉子拌勻，再加入自製鬆餅粉拌勻。
2. 加熱：
   放入預熱好的烤箱，以攝氏 180 度烘烤 30 至 35 分鐘。若分裝至 4 至 6 個小杯子，可縮短烘烤時間為 15 至 20 分鐘。
   或者使用微波爐只要 1 分半至 2 分半。以輸出功率 800 瓦烘烤，需時 1 分 40 秒至 1 分 50 秒，其他功率與加熱時間，請參考 P.78。
   或者使用電鍋烘烤法，做法詳 P.79。

● 拿鐵咖啡馬克杯蛋糕

分量

大馬克杯 1 杯

材料

蛋 1 顆

耐高溫植物油 1 大匙

牛奶 3 大匙

即溶咖啡粉 2 小匙

自製鬆餅粉 6 大匙，做法詳 P.89

捏碎的核桃 1 至 2 大匙

做法

1. 備好材料：

   馬克杯中放入蛋、油、牛奶、咖啡粉，用筷子或叉子拌勻，再加入自製鬆餅粉拌勻，
   最後加入核桃。

2. 加熱：

   放入預熱好的烤箱，以攝氏 190 度烘烤 35 分鐘。若分裝至 4 至 6 個小杯子，可縮短
   烘烤時間為 15 至 20 分鐘。

   或者使用微波爐只要 1 分半至 2 分半。以輸出功率 800 瓦烘烤，需時 1 分 40 秒至 1
   分 50 秒，其他功率與加熱時間，請參考 P.78。

   或者使用電鍋烘烤法，做法詳 P.79。

● 抹茶拿鐵馬克杯蛋糕

分量
大馬克杯 1 杯

材料
蛋 1 顆
耐高溫植物油 1 大匙
牛奶 3 大匙
無糖抹茶粉 1 大匙
自製鬆餅粉 6 大匙，做法詳 P.89

做法
1. 備好材料：
    馬克杯中放入蛋、油、牛奶，用筷子或叉子拌勻，再加入抹茶粉拌勻，最後加入自製
    鬆餅粉拌勻。
2. 加熱：
    放入預熱好的烤箱，以攝氏 190 度烘烤 35 分鐘。若分裝至 4 至 6 個小杯子，可縮短
    烘烤時間為 15 至 20 分鐘。
    或者使用微波爐只要 1 分半至 2 分半。以輸出功率 800 瓦烘烤，需時 1 分 40 秒至 1
    分 50 秒，其他功率與加熱時間，請參考 P.78。
    或者使用電鍋烘烤法，做法詳 P.79。

抹茶粉通常來自日本，有輻射過量之虞，建議先上衛福部「日本輸入食品輻射檢測
專區」確認欲購買的品牌輻射檢驗是否通過。
http://www.fda.ov.tw/TC/site.aspx?sid=2353

● 杏仁馬克杯蛋糕

分量

大馬克杯 1 杯

材料

蛋 1 顆

耐高溫植物油 1 大匙

牛奶或無糖豆漿 3 大匙

純杏仁粉 2 大匙

杏仁片 1 至 2 大匙

自製鬆餅粉 5 大匙，做法詳 P.89

做法

1. 備好材料：

   馬克杯中放入蛋、油、牛奶或豆漿、純杏仁粉、杏仁片，
   用筷子或叉子拌勻，再加入自製鬆餅粉拌勻。

2. 加熱：

   放入預熱好的烤箱，以攝氏 190 度烘烤 35 分鐘。若分
   裝至 4 至 6 個小杯子，可縮短烘烤時間為 15 至 20 分鐘。
   或者使用微波爐只要 1 分半至 2 分半。以輸出功率 800
   瓦烘烤，需時 1 分 40 秒至 1 分 50 秒，其他功率與加熱
   時間，請參考 P.78。
   或者使用電鍋烘烤法，做法詳 P.79。

● 養樂多馬克杯蛋糕

分量

大馬克杯 1 杯

材料

蛋 1 顆

耐高溫植物油 1 大匙

養樂多 3 大匙

細砂糖或香草糖 1 大匙

自發麵粉 6 大匙，做法詳 P.88

做法

1. 備好材料：

   馬克杯中放入蛋、油、養樂多、糖，用筷子或叉子拌勻，再加入自發麵粉拌勻。

2. 加熱：

   放入預熱好的烤箱，以攝氏 190 度烘烤 35 分鐘。若分裝至 4 至 6 個小杯子，可縮短
   烘烤時間為 15 至 20 分鐘。

   或者使用微波爐只要 1 分半至 2 分半。以輸出功率 800 瓦烘烤，需時 1 分 40 秒至 1
   分 50 秒，其他功率與加熱時間，請參考 P.78。

   或者使用電鍋烘烤法，做法詳 P.79。

● 伯爵奶茶馬克杯蛋糕

分量
大馬克杯 1 杯

材料
蛋 1 顆
耐高溫植物油 1 大匙
牛奶 3 大匙
伯爵茶葉隨身包 1 至 2 包，剪開備用
自製鬆餅粉 7 大匙，做法詳 P.89
蔓越莓乾 1 大匙

做法
1. 備好材料：
   馬克杯中放入蛋、油、牛奶、伯爵茶葉，用筷子或叉子拌勻，再加入自製鬆餅粉拌勻，最後加入蔓越莓乾。
2. 加熱：
   放入預熱好的烤箱，以攝氏 190 度烘烤 35 分鐘。若分裝至 4 至 6 個小杯子，可縮短烘烤時間為 15 至 20 分鐘。或者使用微波爐只要 1 分半至 2 分半。以輸出功率 800 瓦烘烤，需時 1 分 40 秒至 1 分 50 秒，其他功率與加熱時間，請參考 P.78。
   或者用電鍋烘烤法，詳 P.79。

TIPS

1. 一般茶葉擔心農藥殘留，可以優先選購有機茶葉，或者先將茶包用熱開水沖洗 5 秒，再剪開茶包取出茶葉使用。
2. 盡量選擇茶葉細小者，若茶葉較大，可先利用調理機打碎，再用熱水沖洗，濾網過濾之後再使用。
3. 如不喜歡茶葉的口感，也可先將牛奶加熱，放入茶包沖泡，再用 3 大匙伯爵奶茶取代 3 大匙牛奶來做蛋糕。

● 康福茶馬克杯蛋糕

分量

大馬克杯 1 杯

材料

蛋 1 顆
耐高溫植物油 1 大匙
牛奶 3 大匙
康福茶葉隨身包 1 包，剪開備用
自製鬆餅粉 5 大匙，做法詳 P.89

做法

1. 備好材料：
   馬克杯中放入蛋、油、牛奶、康福茶葉，用
   筷子或叉子拌勻，再加入自製鬆餅粉拌勻。

2. 加熱：
   放入預熱好的烤箱，以攝氏 190 度烘烤 35 分
   鐘。若分裝至 4 至 6 個小杯子，可縮短烘烤時間
   為 15 至 20 分鐘。
   或者使用微波爐只要 1 分半至 2 分半。以輸出功率
   800 瓦烘烤，需時 1 分 40 秒至 1 分 50 秒，其他功率
   與加熱時間，請參考 P.78。
   或者使用電鍋烘烤法，做法詳 P.79。

1. 一般茶葉擔心農藥殘留，可優先選購有機茶葉，或者先將茶包用熱開水沖洗 5 秒，再剪開茶包取
   出茶葉使用。

2. 盡量選擇茶葉細小者，若茶葉較大，可先利用調理機打碎，再用熱水沖洗，經濾網過濾後再使用。

3. 如不喜歡茶葉的口感，也可先將牛奶加熱，放入茶包沖泡，再用 3 大匙康福奶茶取代 3 大匙牛奶
   來做蛋糕。

● 橘子果醬與綜合堅果馬克杯蛋糕

分量

大馬克杯 1 杯

材料

蛋 1 顆

耐高溫植物油 1 大匙

自製橘子果醬 3 大匙

自發麵粉 6 大匙，做法詳 P.88

核桃與綜合堅果 2 大匙

做法

1. 備好材料：

   馬克杯中放入蛋、油、果醬，用筷子或叉子拌勻，再加入自發麵粉拌勻，最後加入核桃與綜合堅果。

2. 加熱：

   放入預熱好的烤箱，以攝氏 190 度烘烤 35 分鐘。若分裝至 4 至 6 個小杯子，可縮短烘烤時間為 15 至 20 分鐘。

   或者使用微波爐只要 1 分半至 2 分半。以輸出功率 800 瓦烘烤，需時 1 分 40 秒至 1 分 50 秒，其他功率與加熱時間，請參考 P.78。

   或者使用電鍋烘烤法，做法詳 P.79。

自製橘子果醬

材料：

橘子 3 個取果肉（約 300 公克）

糖 150 至 180 公克

做法：

1. 橘子去皮去白膜，只留下果肉，仔細去籽，將果肉切為小丁。

2. 將橘子放入鍋中用中小火熬煮，待出水再將糖加入，一邊攪拌一邊煮至濃稠狀。

3. 完成的果醬放入已消毒的果醬瓶中，蓋上蓋子趁熱倒扣。放於室溫 2 至 3 天熟成，再移入陰涼處或冰箱冷藏。

1. 室溫可以保存的果醬，糖量約需為果肉重量的六至七成，才能達到安全保存的狀態。若能冷藏，則可減低糖量為三至五成。不論何者，開封後都一定要放冰箱冷藏。

2. 橘子的果皮也可以加入熬煮，不過一來易有農藥殘留，二來得仔細去除內部白膜，才不會有苦味，此外還得另先反覆熬煮三次。為了方便自製果醬，本食譜建議取果肉即可。

3. 橘子果醬因為採用熬煮過的橘子，在順勢療法裡可以緩減咳嗽。除了搭配麵包做為麵包抹醬，也可以加入熱茶做成橘子茶。

● 印度拉茶馬克杯蛋糕

分量
大馬克杯 1 杯

材料
蛋 1 顆
耐高溫植物油 1 大匙
牛奶 3 大匙
印度拉茶茶葉 2 小匙，先用調理器打碎
自製鬆餅粉 5 大匙，做法詳 P.89

做法
1. 備好材料：
   馬克杯中放入蛋、油、牛奶、茶葉，用筷子或叉子拌勻，
   再加入自製鬆餅粉拌勻。
2. 加熱：
   放入預熱好的烤箱，以攝氏 190 度烘烤 35 分鐘。若分
   裝至 4 至 6 個小杯子，可縮短烘烤時間為 15 至 20 分鐘。
   或者使用微波爐只要 1 分半至 2 分半。以輸出功率 800
   瓦烘烤，需時 1 分 40 秒至 1 分 50 秒，其他功率與加熱
   時間，請參考 P.78。
   或者使用電鍋烘烤法，做法詳 P.79。

1. 一般茶葉擔心農藥殘留，可以優先選購有機茶
   葉，或者先將茶包用熱開水沖洗 5 秒，再剪開
   茶包取出茶葉使用。
2. 盡量選擇茶葉細小者，若茶葉較大，可先利用調
   理機打碎，再用熱水沖洗，濾網過濾之後再使用。
3. 如不喜歡茶葉的口感，也可先將牛奶加熱，放
   入茶包沖泡，再用 3 大匙伯爵奶茶取代 3 大匙
   牛奶來做蛋糕。

● 新鮮鳳梨馬克杯蛋糕

分量
大馬克杯 1 杯

材料
蛋 1 顆
耐高溫植物油 1 大匙
新鮮鳳梨切小丁 3 大匙
自製鬆餅粉 6 大匙，做法詳 P.89

做法
1. 備好材料：
   馬克杯中放入蛋、油、鳳梨小丁，用筷子或叉子拌勻，再加入自製鬆餅粉拌勻。
2. 加熱：
   放入預熱好的烤箱，以攝氏 190 度烘烤 30 至 35 分鐘。若分裝至 4 至 6 個小杯子，
   可縮短烘烤時間為 15 至 20 分鐘。
   或者使用微波爐只要 1 分半至 2 分半。以輸出功率 800 瓦烘烤，需時 1 分 40 秒至 1
   分 50 秒，其他功率與加熱時間，請參考 P.78。
   或者使用電鍋烘烤法，做法詳 P.79。

● 海苔肉鬆馬克杯蛋糕

分量
大馬克杯 1 杯

材料
蛋 1 顆
耐高溫植物油 1 大匙
牛奶 3 大匙
自製鬆餅粉 6 大匙，做法詳 P.89
海苔肉鬆 2 至 3 大匙
白芝麻少許

做法

1. 備好材料：
   先將海苔剪為小片，與肉鬆混合備用。
   準備兩杯馬克杯，在一杯中放入蛋、油、牛奶，用筷子
   或叉子拌勻，再加入自製鬆餅粉拌勻，完成麵糊。在另
   一杯中依序倒入一半的麵糊、一半的海苔肉鬆、另一半
   的麵糊、另一半的海苔肉鬆，最後灑上少許芝麻。

2. 加熱：
   放入預熱好的烤箱，以攝氏 190 度烘烤 30 至 35 分鐘。
   若分裝至 4 至 6 個小杯子，可縮短烘烤時間為 15 至 20
   分鐘。
   或者使用微波爐只要 1 分半至 2 分半。以輸出功率 800
   瓦烘烤，需時 1 分 40 秒至 1 分 50 秒，其他功率與加熱
   時間，請參考 P.78。
   或者使用電鍋烘烤法，做法詳 P.79。

● 桂圓核桃馬克杯蛋糕

分量

大馬克杯 1 杯

材料

蛋 1 顆

耐高溫植物油 1 大匙

牛奶或無糖豆漿 3 大匙

自製鬆餅粉 6 大匙，做法詳 P.89

桂圓 1 大匙

捏碎的核桃 2 大匙

做法

1. 備好材料：

   馬克杯中放入蛋、油、牛奶或豆漿，用筷子或叉子拌勻，再加入自製鬆餅粉拌勻，再
   加入桂圓與核桃。

2. 加熱：

   放入預熱好的烤箱，以攝氏 190 度烘烤 35 分鐘。若分裝至 4 至 6 個小杯子，可縮短
   烘烤時間為 15 至 20 分鐘。

   或者使用微波爐只要 1 分半至 2 分半。以輸出功率 800 瓦烘烤，需時 1 分 40 秒至 1
   分 50 秒，其他功率與加熱時間，請參考 P.78。

   或者或者使用電鍋烘烤法，做法詳 P.79。

桂圓選帶殼龍眼乾，自行剝殼去籽，較為衛生，含水量也較理想。如採用已剝殼龍眼乾，建議先泡
溫水 10 分鐘軟化，再撈起備用。

● 優格馬克杯蛋糕

分量

大馬克杯 1 杯

材料

蛋 1 顆

耐高溫植物油 1 大匙

無糖優格 3 大匙

自製鬆餅粉 7 大匙，做法詳 P.89

綜合莓果或可可豆 1 至 2 大匙

做法

1. 備好材料：

   馬克杯中放入蛋、油、優格，用筷子或
   叉子拌勻，再加入自製鬆餅粉拌勻，最
   後加入綜合莓果或可可豆。

2. 加熱：

   放入預熱好的烤箱，以攝氏 190 度烘
   烤 35 分鐘。若分裝至 4 至 6 個小杯子，
   可縮短烘烤時間為 15 至 20 分鐘。

   或者使用微波爐只要 1 分半至 2 分半。
   以輸出功率 800 瓦烘烤，需時 1 分 40
   秒至 1 分 50 秒，其他功率與加熱時間，
   請參考 P.78。

   或者使用電鍋烘烤法，做法詳 P.79。

自製優格

材料：

優格菌半包（約為 1 公克）、牛奶 500 毫升

做法：

把牛奶、優格菌倒入玻璃瓶，攪拌均勻，放入
優格機靜置一夜即可。

1. 發酵時間一般需時 10 至 12 小時，天冷可靜置
   16 小時，製好的優格放入冰箱可保存 14 天，
   剛製好的優格沒什麼酸味，放愈久會愈酸。

2. 製好的優格如離水超過一半為失敗，冷藏的
   優格如變色或發霉就表示壞了。

● 煉乳馬克杯蛋糕

分量
大馬克杯 1 杯

材料
蛋 1 顆
耐高溫植物油 1 大匙
煉乳 3 大匙
細砂糖或香草糖 1 大匙
自發麵粉 6 大匙，做法詳 P.88
綜合莓果或可可豆或堅果 1 至 2 大匙

做法

1. 備好材料：
   馬克杯中放入蛋、油、煉乳、糖，用筷子或叉子拌勻，再加入自發麵粉拌勻，最後加入綜合莓果或可可豆或堅果。

2. 加熱：
   放入預熱好的烤箱，以攝氏 190 度烘烤 35 分鐘。若分裝至 4 至 6 個小杯子，可縮短烘烤時間為 15 至 20 分鐘。或者使用微波爐只要 1 分半至 2 分半。以輸出功率 800 瓦烘烤，需時 1 分 40 秒至 1 分 50 秒，其他功率與加熱時間，請參考 P.78。
   或者使用電鍋烘烤法，做法詳 P.79。

> **自製煉乳**
>
> 材料：
> 牛奶 150 公克、糖 90 公克
>
> 做法：
> 1. 材料放入鍋中，沸騰後轉中小火，一邊攪拌煮至濃稠狀。火候需多加注意，以免沸騰溢出。
> 2. 趁熱裝入消毒過玻璃瓶倒扣，室溫靜置放涼後，移入冰箱冷藏。

● 花生醬馬克杯蛋糕

分量
大馬克杯 1 杯

材料
蛋 1 顆
耐高溫植物油 1 大匙
牛奶 2 大匙
無糖花生醬 1.5 大匙
自製鬆餅粉 5 大匙，做法詳 P.89

做法

1. 備好材料：
   馬克杯中放入蛋、油、牛奶，用筷子或叉子拌勻，再加入花生醬攪拌，部分花生醬沒有攪散無妨，最後加入自製鬆餅粉拌勻。

2. 加熱：
   放入預熱好的烤箱，以攝氏 190 度烘烤 35 分鐘。若分裝成 4 至 6 個小杯子，可縮短時間為 15 至 20 分鐘。
   或者使用微波爐加熱 1 分半至 2 分半。以輸出功率 800 瓦烘烤，需時 1 分 40 秒至 1 分 50 秒，其他功率與加熱時間，請參考 P.78。
   或者使用電鍋烘烤法，詳 P.79。

● 香橙起司馬克杯蛋糕

分量
大馬克杯 1 杯

材料
蛋 1 顆
耐高溫植物油 1 大匙
自製鬆餅粉 5 大匙，做法詳 P.89
有機柳橙 1 個，削下皮屑、果肉切丁
帕瑪森起司 3 大匙

做法
1. 備好材料：
   馬克杯中放入蛋、油、柳橙果肉與皮屑、起司，用筷子
   或叉子拌勻，再加入自製鬆餅粉拌勻。
2. 加熱：
   放入預熱好的烤箱，以攝氏 180 度烘烤 30 分鐘。若分
   裝至 4 至 6 個小杯子，可縮短烘烤時間為 15 至 20 分鐘。
   或者使用微波爐只要 1 分半至 2 分半。以輸出功率 800
   瓦烘烤，需時 1 分 40 秒至 1 分 50 秒，其他功率與加熱
   時間，請參考 P.78。
   或者使用電鍋烘烤法，做法詳 P.79。

● 菠菜芝麻馬克杯蛋糕

分量

大馬克杯 1 杯

材料

蛋 1 顆
耐高溫植物油 1 大匙
菠菜 2 株
自製鬆餅粉 6 大匙，做法詳 P.89
芝麻粒 1 小匙

做法

1. 備好材料：

   菠菜 2 株，去除根部，切為小段放入果汁機，加入約 0.5 杯量米杯的水，基本上只要
   讓果汁機可以攪打即可，將菠菜打為波菜汁，取 3 大匙備用。

   馬克杯中放入蛋、油、菠菜汁，用筷子或叉子拌勻，再加入自製鬆餅粉、芝麻粒拌勻，
   表面再灑些芝麻。

2. 加熱：

   放入預熱好的烤箱，以攝氏 180 度烘烤 30 至 35 分鐘。若分裝至 4 至 6 個小杯子，
   可縮短烘烤時間為 15 至 20 分鐘。

   或者使用微波爐只要 1 分半至 2 分半。以輸出功率 800 瓦烘烤，需時 1 分 40 秒至 1
   分 50 秒，其他功率與加熱時間，請參考 P.78。

   或者使用電鍋烘烤法，做法詳 P.79。

● 心太軟布朗尼馬克杯蛋糕

分量

大馬克杯 1 杯

材料

蛋 1 顆

耐高溫植物油 1 大匙

牛奶 3 大匙

自製鬆餅粉 5 大匙，做法詳 P.89

無糖可可粉 2 大匙

可可豆 1 大匙

捏碎的核桃 2 大匙

巧克力塊 2 至 3 小塊

做法

1. 備好材料：

   馬克杯中放入蛋、油、牛奶，用筷子或叉子拌勻，再加入自製鬆餅、可可粉、可可豆、核桃、巧克力塊拌勻。

2. 加熱：

   放入預熱好的烤箱，以攝氏 180 度烘烤 30 至 35 分鐘。若分裝至 4 至 6 個小杯子，可縮短烘烤時間為 15 至 20 分鐘。

   或者使用微波爐只要 1 分半至 2 分半。以輸出功率 800 瓦烘烤，需時 1 分 40 秒至 1 分 50 秒，其他功率與加熱時間，請參考 P.78。

   或者使用電鍋烘烤法，做法詳 P.79。

● 燕麥布朗尼馬克杯蛋糕

分量

大馬克杯 1 杯

材料

蛋 1 顆

耐高溫植物油 1 大匙

蜂蜜 3 大匙

無糖可可粉 2 大匙

燕麥或燕麥粉 6 大匙

鹽少許

無鋁泡打粉 1/5 小匙

可可豆 1 大匙

捏碎的核桃 2 大匙

做法

1. 備好材料：

   馬克杯中放入蛋、油、蜂蜜，用筷子或叉子拌勻，再加
   入可可粉、燕麥、鹽、無鋁泡打粉、可可豆、核桃拌勻。

2. 加熱：

   放入預熱好的烤箱，以攝氏 180 度烘烤 30 至 35 分鐘。
   分裝至 4 至 6 個小杯子，可縮短烘烤時間至 15 至 20 分鐘。
   或者使用微波爐只要 1 分半至 2 分半。以輸出功率 800
   瓦烘烤，需時 1 分 40 秒至 1 分 50 秒，其他功率與加熱
   時間，請參考 P.78。
   或者使用電鍋烘烤法，做法詳 P.79。

將可即食燕麥片放入果汁機攪打，即為自製百分百純燕麥粉，
也可以直接使用燕麥片製作蛋糕，兩者口感不同。

● 全麥布朗尼馬克杯蛋糕

分量

大馬克杯 1 杯

材料

蛋 1 顆

耐高溫植物油 1 大匙

蜂蜜 2 大匙

無糖豆漿 2 大匙

無糖可可粉 2 大匙

全麥粉 6 大匙

鹽少許

無鋁泡打粉 1/5 小匙

可可豆 1 大匙

捏碎的核桃 2 大匙

做法

1. 備好材料：

   馬克杯中放入蛋、油、蜂蜜，用筷子或叉子拌勻，再加入可可粉、全麥粉、鹽、無鋁
   泡打粉、可可豆、核桃拌勻。

2. 加熱：

   放入預熱好的烤箱，以攝氏 180 度烘烤 30 至 35 分鐘。若分裝至 4 至 6 個小杯子，
   可縮短烘烤時間為 15 至 20 分鐘。

   或者使用微波爐只要 1 分半至 2 分半。以輸出功率 800 瓦烘烤，需時 1 分 40 秒至 1
   分 50 秒，其他功率與加熱時間，請參考 P.78。

   或者使用電鍋烘烤法，做法詳 P.79。

● 豆腐馬克杯蛋糕

分量
大馬克杯 1 杯

材料
蛋 1 顆
耐高溫植物油 1 大匙
嫩豆腐 3 大匙
自製鬆餅粉 7 大匙，做法詳 P.89

做法
1. 備好材料：
   馬克杯中放入蛋、油、嫩豆腐，用攪拌棒或果汁機打成
   泥狀，再加入自製鬆餅粉拌勻。
2. 加熱：
   放入預熱好的烤箱，以攝氏 180 度烘烤 25 至 30 分鐘。
   若分裝至 4 至 6 個小杯子，可縮短烘烤時間為 15 至 20
   分鐘。
   或者使用微波爐只要 1 分半至 2 分半。以輸出功率 800
   瓦烘烤，需時 1 分 40 秒至 1 分 50 秒，其他功率與加熱
   時間，請參考 P.78。
   或者使用電鍋烘烤法，做法詳 P.79。

● 迷迭香起司馬克杯鹹蛋糕

分量

大馬克杯 1 杯

材料

蛋 1 顆

耐高溫植物油 1 大匙

牛奶 2 大匙

帕瑪森起司 2 大匙

切碎的洋菇 2 大匙

迷迭香 1 小匙

自發麵粉 5 大匙，做法詳 P.88

做法

1. 備好材料：

   馬克杯中放入蛋、油、牛奶、起司、洋菇、迷迭香，用叉子
   或筷子拌勻，再加入自發麵粉拌勻。

2. 加熱：

   放入預熱好的烤箱，以攝氏 180 度烘烤 30 至 35 分鐘。若
   分裝至 4 至 6 個小杯子，可縮短烘烤時間為 15 至 20 分鐘。
   或者使用微波爐只要 1 分半至 2 分半。以輸出功率 800 瓦
   烘烤，需時 1 分 40 秒至 1 分 50 秒，其他功率與加熱時間，
   請參考 P.78。

   或者使用電鍋烘烤法，做法詳 P.79。

● 瑪格麗特馬克杯鹹蛋糕

分量

大馬克杯 1 杯

材料

蛋 1 顆

耐高溫植物油 1 大匙

牛奶 2 大匙

莫札瑞拉起司 2 大匙

帕瑪森起司 1 大匙

蕃茄切小丁 2 大匙

羅勒或義式香草 1 小匙

自發麵粉 5 大匙，做法詳 P.88

做法

1. 備好材料：

   馬克杯中放入蛋、油、牛奶、1 大匙莫札瑞拉起司、帕瑪森起司、蕃茄丁、香草，用叉子或筷子拌勻，再加入自發麵粉拌勻，最上面放 1 大匙莫札瑞拉起司。

2. 加熱：

   放入預熱好的烤箱，以攝氏 180 度烘烤 30 至 35 分鐘。若分裝至 4 至 6 個小杯子，可縮短烘烤時間為 15 至 20 分鐘。

   或者使用微波爐只要 1 分半至 2 分半。以輸出功率 800 瓦烘烤，需時 1 分 40 秒至 1 分 50 秒。其他功率與加熱時間，請參考 P.78。

   或者使用電鍋烘烤法，做法詳 P.79。

● 蔓越莓核桃馬克杯司康

分量
小馬克杯 1 杯

材料
耐高溫植物油 1.5 大匙
牛奶或無糖豆漿 1 大匙
細砂糖或香草糖粉 1 大匙，做法詳 P.84 至 86
低筋麵粉 3.5 大匙
捏碎的核桃 1 大匙
蔓越莓乾 1 大匙

做法
1. 備好材料：
   馬克杯中放入油、牛奶或無糖豆漿、糖、低筋麵粉、核桃、蔓越莓乾，用叉子或筷子拌勻。
2. 加熱：
   放入預熱好的烤箱，以攝氏 180 度烘烤 15 至 20 分鐘。或者使用輸出功率 800 瓦的微波爐加熱 50 秒。其他功率與加熱時間，請參考 P.78。

● 桂花梨子馬克杯米蛋糕

分量

大馬克杯 1 杯

材料

蛋 1 顆
耐高溫植物油 1 大匙
牛奶 1.5 大匙
蜂蜜或楓糖 1.5 大匙
桂花 1 小匙
無鋁泡打粉約 1/5 小匙
鹽少許
在來米粉 5 大匙，做法詳見 P.91
小顆梨子半個

做法

1. 備好材料：
   馬克杯中放入蛋、油、牛奶、蜂蜜或楓糖、桂花、無鋁泡打粉、鹽，用筷子或叉子拌勻，
   再放入在來米粉拌勻。梨子去皮去核，利用削皮器削成薄片，再疊入馬克杯的蛋奶液
   至馬克杯一半高度。

2. 加熱：
   放入預熱好的烤箱，以攝氏 190 度烘烤 35 分鐘。若分裝至 4 至 6 個小杯子，可縮短
   烘烤時間為 15 至 20 分鐘。
   或者使用微波爐只要 1 分半至 2 分半。以輸出功率 800 瓦烘烤，需時 1 分 40 秒至 1
   分 50 秒，其他功率與加熱時間，請參考 P.78。
   或者使用電鍋烘烤法，做法詳 P.79。

梨子薄片盡量薄一點，可以使用削皮刀、削皮器，或有切薄片功能的調理器。疊入時採用平放堆疊，
並確保薄片都浸在蛋奶液中。

● 馬克杯麵包布丁

分量
大馬克杯 1 杯

材料
蛋 1 顆
牛奶 2 大匙
蜂蜜 1/2 大匙
吐司半片，切為條狀或丁狀

做法
1. 備好材料：
   馬克杯中放入蛋、牛奶、蜂蜜拌勻，再放入吐司條或吐司丁，靜置 10 分鐘，讓吐司吸飽蛋奶液。
2. 加熱：
   放入預熱好的烤箱用攝氏 180 度烘烤 20 至 25 分鐘。
   或者使用微波爐加熱 1 分半至 2 分半。以輸出功率 800 瓦烘烤，需時 1 分 40 秒至 1 分 50 秒，其他功率與加熱時間，請參考 P.78。

● 南瓜馬克杯快速麵包

分量

大馬克杯 1 杯

材料

自製鬆餅粉 6 大匙，做法詳 P.89

無糖優格 5 大匙，做法詳 P.123

南瓜子 2 大匙

南瓜刨薄片約 3 大匙

做法

1. 備好材料：

　馬克杯中放入優格、鬆餅粉拌勻，再交錯疊入南瓜薄片、南瓜子。

2. 加熱：

　放入預熱好的烤箱，以攝氏 180 度烘烤 25 分鐘。

　或者使用微波爐加熱 1 分半至 2 分半。以輸出功率 800 瓦烘烤，需時 1 分 40 秒至 1 分 50 秒，其他功率與加熱時間，請參考 P.78。

生南瓜薄片處理方式：南瓜選擇皮較薄的金瓜，利用削皮刀削去外皮，用湯匙去籽，再利用削皮器削成薄片使用。薄片盡量薄一點，可以使用削皮刀、削皮器，或有切薄片功能的調理器。疊入時採用平放堆疊，並確保薄片都浸在蛋奶液中。

● 檸檬起司馬克杯蛋糕

分量

大馬克杯 1 杯

材料

蛋 1 顆

耐高溫植物油 1 大匙

牛奶 2 大匙

檸檬半個，擠出檸檬汁、削下檸檬皮屑。

帕瑪森起司 3 大匙

自製鬆餅粉 5 大匙，做法詳 P.89

做法

1. 備好材料：

   馬克杯中放入蛋、油、牛奶、檸檬汁與皮屑、起司，用筷子或叉子拌勻，再加入自製
   鬆餅粉拌勻。

2. 加熱：

   放入預熱好的烤箱，以攝氏 180 度烘烤 30 分鐘。若分裝至 4 至 6 個小杯子，可縮短
   烘烤時間為 15 至 20 分鐘。

   或者使用微波爐只要 1 分半至 2 分半。以輸出功率 800 瓦烘烤，需時 1 分 40 秒至 1
   分 50 秒，其他功率與加熱時間，請參考 P.78。

   或者使用電鍋烘烤法，做法詳 P.79。

無負擔
蛋糕

● 無咖啡因、帶可可風味 的角豆馬克杯蛋糕

分量
小馬克杯 1 杯

材料
蛋 1 顆
耐高溫植物油 1 大匙
牛奶 3 大匙
角豆粉 1 大匙
自製鬆餅粉 5 大匙，做法詳 P.89

142

做法

1. 備好材料：
   馬克杯中放入蛋、油、牛奶、角豆粉，用筷子或叉子拌
   勻，再加入自製鬆餅粉拌勻。
2. 加熱：
   放入預熱好的烤箱，以攝氏 190 度烘烤 30 至 35 分鐘。
   若分裝成 4 至 6 個小杯子，可縮短時間為 15 至 20 分鐘。
   或者使用微波爐加熱 1 分半至 2 分半。以輸出功率 800
   瓦烘烤，需時 1 分 40 秒至 1 分 50 秒，其他功率與加熱
   時間，請參考 P.78。
   或者使用電鍋烘烤法，詳 P.79。

角豆（carob）是產自歐洲的豆類，乾燥後磨成粉狀，
風味近似咖啡與可可，但卻沒有咖啡因，很適合用來
為孩子製作點心或飲品。

● 無蛋布朗尼馬克杯蛋糕

分量
大馬克杯 1 杯

材料
耐高溫植物油 1 大匙
牛奶 4 大匙
自製鬆餅粉 6 大匙，做法詳 P.89
無糖可可粉 2 大匙
可可豆 1 大匙
捏碎的核桃 2 大匙

做法
1. 備好材料：
   馬克杯中放入油、牛奶，用筷子或叉子拌勻，再加入自製鬆餅粉、可可粉、可可豆、核桃拌勻。
2. 加熱：
   放入預熱好的烤箱，以攝氏 180 度用烘烤 30 至 35 分鐘。若分裝成 4 至 6 個小杯子，可縮短時間為 15 至 20 分鐘。
   或者使用微波爐加熱 1 分半至 2 分半。以輸出功率 800 瓦烘烤，需時 1 分 40 秒至 1 分 50 秒，其他功率與加熱時間，請參考 P.78。
   或者使用電鍋烘烤法，詳 P.79。

● 無麩質馬克杯起司蛋糕

分量
大馬克杯 1 杯

材料
材料 A
自製起司 100 至 150 公克
香草糖粉 2.5 大匙,做法詳 P.84 至 86
蛋 1 顆
帕瑪森起司 3 大匙

材料 B
可可粉
藍莓

做法
1. 備好材料:
   所有材料 A 放入馬克杯中拌勻。
2. 加熱、放涼、冷藏:
   烤箱法:
   放入預熱好的烤箱,以攝氏 150 度烘烤 1.5 小時並用餘
   溫燜 2 小時,放涼後移入冰箱冷藏 1.5 至 2 小時以上。
   微波法:
   800 瓦加熱 1 分鐘 40 秒,再用攪拌棒攪打成泥,放涼
   後移入冰箱冷藏 1.5 至 2 小時以上。其他功率與加熱時
   間,請參考 P.78。
3. 表面裝飾
   用濾網撒上可可粉,再鋪上藍莓或其他喜愛的水果。

自製起司

材料:
全脂牛奶 2 杯(480 毫升)
水果醋或檸檬汁 3 大匙

做法:
所有材料放入鍋中小火加熱,成豆
花狀後再用濾網過濾留下起司。可
收集約 100 至 150 公克自製起司。

● 無奶油奶黃包馬克杯蛋糕

分量

大馬克杯 1 杯（400 毫升以上）

材料

A 奶黃餡

蛋 1 顆

耐高溫植物油 1/2 小匙

牛奶 1/2 小匙

細砂糖 2 大匙

低筋麵粉 1/2 小匙

帕瑪森起司 1 大匙

B 麵皮

耐高溫植物油 1 小匙

牛奶 5 大匙

細砂糖 1 小匙

自發麵粉 4 大匙，做法詳 P.88

做法

1. 將奶黃餡材料放入馬克杯 A 中攪拌均勻。

2. 將馬克杯 A 放入輸出功率 800 瓦的微波爐加熱 40 秒。或放入電鍋，外鍋加 2/3 量米杯水蒸過。

3. 取一容量 400 毫升以上的馬克杯 B，放入麵皮材料，攪拌均勻。

4. 將馬克杯 A 的奶黃餡用湯匙分 4 至 5 次挖出，均勻放入馬克杯 B 的麵糊裡。盡量讓奶黃餡與麵皮麵糊分布均勻，奶黃餡外露一點也沒關係。

5. 加熱：將馬克杯 B 放入輸出功率 800 瓦的微波爐加熱 1 分 40 秒至 1 分 50 秒。其他功率與加熱時間，請參考 P.78。或者使用電鍋放隔熱架，外鍋加入 1 量米杯水蒸熟。

● 無奶油鳳凰酥馬克杯蛋糕

分量
大馬克杯 1 杯（400 毫升以上）

材料

A 鳳凰餡
自製鳳梨醬 2 大匙
鹹蛋黃 1 顆切碎
松子 1 大匙
帕瑪森起司 1 大匙

B 麵皮
耐高溫植物油 2 大匙
蛋 1 顆
細砂糖 1 大匙
奶粉 1 大匙
自發麵粉 4 大匙，做法詳 P.88

做法

1. 將鳳凰餡材料放入馬克杯 A 中攪拌均勻。
2. 取一容量 400 毫升以上馬克杯 B，放入麵皮材料，攪拌均勻。
3. 將馬克杯 A 的鳳凰餡用湯匙分 4 至 5 次挖出，均勻放入馬克杯 B 的麵糊裡。盡量讓鳳凰餡與麵皮麵糊分布均勻，鳳凰餡外露一點也沒關係。
4. 加熱：
   將馬克杯 B 放入輸出功率 800 瓦的微波爐加熱 1 分 40 秒至 1 分 50 秒。其他功率與加熱時間，請參考 P.78。
   或分裝至 4 至 6 個小杯子，放入預熱好的烤箱，以攝氏 180 度烘烤 15 至 20 分鐘。

自製鳳梨果醬

材料：
鳳梨一個（約 600 公克）
糖 300 至 360 公克

做法：

1. 鳳梨去皮，切為小丁，放入鍋中用中小火熬煮，待出水再將糖加入，一邊攪拌一邊煮至濃稠狀。
2. 完成的果醬放入已消毒的果醬瓶中，蓋上蓋子趁熱倒扣。放於室溫 2 至 3 天熟成，再移入陰涼處或冰箱冷藏。

1. 室溫可以保存的果醬，糖量需為果肉重量的六至七成，才能達到安全保存的狀態。若能冷藏，則可減低糖量為三至五成。不論何者，開封後都一定要放冰箱冷藏。
2. 鳳梨醬的用途很廣，除了可以當麵包抹醬之外，還可以淋在燙青菜上，或者加入熱茶做為花果茶。

● 無奶蛋黑芝麻松子 馬克杯鬆糕（全素）

分量
大馬克杯 1 杯

材料
無糖豆漿 7 大匙
耐高溫植物油 1 大匙
細砂糖 2 大匙
黑芝麻粉 1 大匙
自發麵粉 5 大匙
松子 1 大匙

做法
1. 備好材料：
   馬克杯中放入豆漿、油、糖、黑芝麻粉，用筷子或叉子拌勻，再放入自發麵粉拌勻，最後加入松子拌勻。
2. 加熱：
   放入預熱好的烤箱，以攝氏 190 度烘烤 35 分鐘。若分裝成 4 至 6 個小杯子，可縮短時間為 15 至 20 分鐘。
   或者使用微波爐加熱 1 分半至 2 分半。以輸出功率 800 瓦烘烤，需時 1 分 40 秒至 1 分 50 秒，其他功率與加熱時間，請參考 P.78。
   或者使用電鍋烘烤法，詳 P.79。

TiPS

如果家中沒有無糖豆漿，換成有糖豆漿也可以，細砂糖酌量減少即可。

● 免烘烤無奶蛋的燕麥馬克杯餅乾（全素）

分量

小馬克杯 1 杯

材料

可即食燕麥 4 大匙

去籽椰棗乾（PITTED DATES）8 個

做法

1. 將去籽椰棗乾切碎備用。
2. 將所有材料用果汁機打成泥狀，放入馬克杯中，用湯匙壓實。可直接食用或冷凍 1 至 2 小時再品嚐。

● 免烘烤無奶蛋的咖啡莓果 馬克杯蛋糕（全素）

分量
小馬克杯 2 杯

材料

A：咖啡底層
腰果 2/3 杯（160 毫升）
楓糖或蜂蜜 1.5 大匙
鹽少許
黑咖啡 2.5 大匙

B：莓果中層
綜合莓果 3/4 杯（180 毫升，約 1 量米杯）
去籽椰棗乾（PITTED DATES）8 個，切碎備用
無糖豆漿 1 大匙

C：表層飾材
枸杞、南瓜子、藍莓

做法

1. 將材料 A 用果汁機打成泥狀，放入 2 個小馬克杯中，做為底層。

2. 將材料 B 用果汁機打成泥狀，放入 2 個小馬克杯中，做為中層。

3. 表層加上飾材，可直接食用或冷凍 1 至 2 小時再品嚐。

● 免烘烤無奶蛋的可可草莓 馬克杯蛋糕（全素）

分量

小馬克杯 2 杯

材料

A：可可底層

去籽椰棗乾（PITTED DATES）8 個，切碎備用

核桃 4 大匙（約 1/3 量米杯）

無糖可可粉 1 大匙

香草精 1/2 小匙或從 1 根香草豆莢取下香草籽

鹽少許

B：草莓中層

草莓 3/4 杯（180 毫升，約 1 量米杯）

杏仁 1/3 杯（80 毫升，約半杯量米杯）

楓糖或蜂蜜 1/2 大匙

香草精 1/2 小匙或從 1 根香草豆莢取下香草籽

C：表層飾材

可可粉、草莓、櫻桃，或從巧克力塊削下可可屑

做法

1. 將材料 A 用果汁機打成泥狀，放入 2 個小馬克杯中，做
   為底層。
2. 將材料 B 用果汁機打成泥狀，放入 2 個小馬克杯中，做
   為中層。
3. 表層加上飾材，可直接食用或冷凍 1 至 2 小時再品嚐。

TIPS

1. 材料 A 的可可粉也可以
   換成無咖啡因但風味接近
   的角豆粉。角豆粉介紹詳
   P.142。
2. 材料 B 的楓糖或蜂蜜、香
   草精，也可以換成自製香
   草糖粉 2/3 大匙。自製香
   草糖詳 P.84 至 86。

● 全麥枸杞核桃馬克杯蛋糕

分量

大馬克杯 1 杯

材料

蛋 1 顆

耐高溫植物油 1 大匙

牛奶 2 大匙

蜂蜜或楓糖 1.5 大匙

枸杞 1 大匙

捏碎的核桃 1 大匙

切碎的無花果乾 1 大匙

無鋁泡打粉約 1/5 小匙

鹽少許

全麥粉 5 大匙

做法

1. 備好材料：

   馬克杯中放入蛋、油、牛奶、蜂蜜或楓糖、浸泡過的枸杞、核桃、無花果乾、無鋁泡打粉、鹽，用筷子或叉子拌勻，再放入全麥粉拌勻。

2. 加熱：

   放入預熱好的烤箱，以攝氏 180 度烘烤 30 至 35 分鐘。若分裝至 4 至 6 個小杯子，可縮短烘烤時間至 15 至 20 分鐘。

   或者使用微波爐加熱 1 分半至 2 分半。以輸出功率 800 瓦烘烤，需時 1 分 40 秒至 1 分 50 秒，其他功率與加熱時間，請參考 P.78。

   或者使用電鍋烘烤法，詳 P.79。

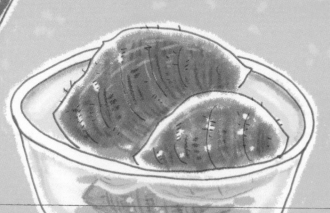

DESSERT

● 馬克杯桂圓紅棗茶

分量
大馬克杯 1 杯

材料
去籽桂圓乾 5 至 8 個
紅棗 7 個
枸杞 10 至 15 個

做法
所有材料投入馬克杯,加入水至八分滿,
放入電鍋,外鍋加 1.5 量米杯水,待開關
跳起再燜 15 分鐘。

桂圓選帶殼龍眼乾,自行剝殼去籽,較為衛生,
含水量也較理想。如採用已剝殼龍眼乾,建議
先泡溫水 10 分鐘軟化,再撈起備用。

● 馬克杯芋香椰奶

分量
大馬克杯 2 杯

材料
自香水椰子刮下椰肉 1/3 杯馬克杯
蜜芋頭 1/3 杯馬克杯,做法詳 P.157
牛奶 1 杯馬克杯

做法
所有材料倒入果汁機攪打成汁。

如無香水椰子,也可使用無防腐劑的罐裝椰奶。

● 馬克杯黑芝麻牛奶

分量

大馬克杯 1 杯

材料

黑芝麻粒或黑芝麻粉 1 大匙

牛奶 3/4 杯馬克杯

糖 1 小匙

做法

1. 所有材料倒入果汁機攪打成汁。

2. 倒入馬克杯，放入電鍋，外鍋加 1.5 量米杯水，待開關跳起，再燜 15 分鐘。

 可以加入紅豆煮成紅豆芝麻糊或是加入紫米煮成紫米芝麻糊。

● 馬克杯蜜芋頭甜湯

分量

大馬克杯 2 杯

材料

拳頭大的芋頭 1 顆，去皮切 1 公分小丁

砂糖 6 大匙

做法

1. 芋頭小丁分別放入 2 個馬克杯，各加入 3 大匙糖拌勻，加入溫水至芋頭八成高，放入電鍋外鍋加 1.5 量米杯水，待開關跳起再燜 30 分鐘。

2. 食用時加開水稀釋甜湯汁。

● 馬克杯桂花貓爪湯圓

分量
小馬克杯 2 杯

材料
材料 A
糯米粉 1/2 量米杯
牛奶或溫水 2 大匙
糖 2 大匙
黑芝麻粉或抹茶粉 1 小匙

材料 B
桂花 1 小匙
糖適量

做法
1. 將糯米粉、牛奶或溫水、糖混合成白色麵糰，取出 1/3 與黑芝麻粉或抹茶粉拌勻成彩色麵糰。
2. 以揉圓的白色麵糰為底，彩色麵團揉為中圓與小圓麵糰，沾點水貼在白色麵糰上。
3. 在盤中墊一張烘焙紙，將貓爪放在烘焙紙上，放入電鍋，外鍋半杯量米杯水蒸熟。
4. 取馬克杯，加入熱開水、桂花與適量的糖攪拌至融化，放入貓爪湯圓。

貓爪湯圓的延伸主題：來自天然食材的麵團顏色

麵團顏色	食材
紅色系	紅麴粉、甜菜根、草莓
橘色系	紅蘿蔔
黃色系	玉米、南瓜、薑黃粉
綠色系	抹茶粉、菠菜等葉菜
黑色系	黑芝麻粉、竹炭粉
褐色系	可可粉、咖啡粉、黑糖
紫色系	紫薯、藍莓、桑椹

甜粥

● 桂圓米糕馬克杯甜粥

分量
大馬克杯 1 杯

材料
桂圓與糯米共 1/4 量米杯

做法
1. 材料洗淨，在水中浸泡 30 至 45 分鐘。
2. 所有材料放進馬克杯，加入溫水至八分滿，放入電鍋，外鍋加 1.5 量米杯水，待開關跳起再燜 20 分鐘，最後依各人喜好加糖調味即可。

Tips

桂圓選帶殼龍眼乾，自行剝殼去籽，較為衛生，含水量也較理想。如採用已剝殼龍眼乾，建議先泡溫水 10 分鐘軟化，再撈起備用。

● 八寶馬克杯甜粥

分量
大馬克杯 1 杯

材料
各種豆類、穀類共 1/4 量米杯

做法
1. 所有材料洗淨，在水中浸泡。
   需浸泡 4 小時以上：薏仁、糙米、紫米、蓮子、紅豆。
   需浸泡 30 分鐘以上：綠豆、圓糯米、白米、桂圓。
2. 所有材料放進馬克杯，加入溫水至八分滿，拌勻後放入電鍋，外鍋 2 杯量米杯的水，待開關跳起再燜 20 至 30 分鐘，最後依各人喜好加糖調味即可。

● 紅豆紫米馬克杯甜粥

分量

大馬克杯 1 杯

材料

紅豆與紫米共 1/4 量米杯

做法

1. 材料洗淨,在水中浸泡 4 小時以上。
2. 所有材料放進馬克杯,加入溫水至八分滿,放入電鍋,拌勻後外鍋加
   3 杯量米杯的水,待開關跳起後再燜 20 至 30 分鐘,最後依各人喜
   好加糖調味即可。

1. 也可加入桂圓,做成桂圓紅豆紫米粥。
2. 紅豆殼較硬,煮軟需費時較長,也可洗淨後將濕豆冷凍,要用時不需解凍直接烹煮,可縮
   短烹煮時間。

● 綠豆小米馬克杯甜粥

分量

大馬克杯 1 杯

材料

綠豆與小米共 1/4 量米杯

做法

1. 材料洗淨,在水中浸泡 30 分鐘以上。
2. 所有材料放進馬克杯,加入溫水至八分滿,拌勻後
   放入電鍋,外鍋加 2 杯量米杯水,待開關跳起再燜
   20 至 30 分鐘,最後依各人喜好加糖調味即可。

也可加入藜麥,做成綠豆小米藜麥粥。

● 水果燕麥馬克杯甜粥

分量

小馬克杯 2 杯

材料

蘋果、梨子、鳳梨等新鮮水果小丁，共 2 大匙

蔓越莓乾、葡萄乾、龍眼乾等果乾，共 2 大匙

可即食燕麥 1/4 量米杯

牛奶 1/2 杯馬克杯

做法

所有材料放進馬克杯，放入電鍋，外鍋加 1 量米杯水，最後依各人喜好加糖調味即可。

食用前可加少許堅果，如松子、杏仁、捏碎的核桃與腰果等，增加口感。

番外篇
超省時副食品特輯

在這個副食品特輯裡，與讀者分享不同工具卻同樣輕省的副食品製作方式，希望可以為照顧者節省更多時間，也增加製作副食品的樂趣，也帶來更美好的母嬰相處時光。

馬克杯副食品套餐，輕輕鬆鬆一杯搞定

如果想為寶寶在一餐中準備「多樣菜色」且「盡量新鮮」的副食品，有沒有省時的辦法呢？我突發奇想，把歐美流行的「五分鐘馬克杯蛋糕」概念放到副食品來，醞釀出「五分鐘馬克杯副食品」的方法，餐餐現做副食品變得好簡單！

用馬克杯不但可以每餐烹調出少量多樣的副食品，而且能直接使用攪拌棒在杯內攪打，不需轉換容器，也不用擔心攪打容器釋放塑化劑，真的非常方便喔！

●步驟簡單更輕鬆

Step1： 把食材放進馬克杯。倘若要使用攪拌棒攪打，建議使用大杯馬克杯。

Step2： 底下墊隔熱架，將馬克杯放進電鍋蒸熟。以 10 人份電鍋為例，一次可以放入 4 杯大馬克杯同時烹煮 4 道料理。如果有在用微波爐，這一步驟就使用微波爐加熱，甚至也可以用烤箱做馬克杯烘焙。

Step3： 將馬克杯從電鍋取出，稍微放溫，再用攪拌棒攪打成適當狀態。攪打時請小心，避免燙傷！

如果使用電鍋蒸副食品，外鍋加 1.5 量米杯水，待開關跳起再燜 15 分鐘。適合陶瓷、不鏽鋼、琺瑯材質的馬克杯。建議在底部使用隔熱架，受熱較為均勻。

如果使用微波爐，以輸出功率 800 瓦為例，需時 1 分 40 秒至 1 分 50 秒。適合標示可以微波的陶瓷馬克杯。不能使用金屬、金屬鑲邊、PVC 等材質、或不耐高溫的馬克杯。

烘焙類副食品也可使用烤箱，以小杯分量為例，用攝氏 160 度烘烤 25 至 30 分鐘。適合標示可以進烤箱的陶瓷、琺瑯馬克杯。

●兼顧營養與用餐樂趣

在享受馬克杯帶來的方便之餘，掌握下列原則，讓副食品符合寶寶的需要。

1. 每餐包含澱粉類、蛋白質類、礦物質、維生素等不同的營養食材。

2. 每餐包含二至三種咀嚼難度的副食品，比如一道當階段稠度的粥品、兩三道較簡單的液態副食品、一道難度較高的下階段稠度副食品。

3. 每餐在分量外多準備一樣手指食物，讓寶寶練習自己吃，感覺擁有用餐的自主權，有助於增進寶寶對用餐的好印象。

● 白醬魚泥湯

分量

小馬克杯 2 杯

材料

馬鈴薯 1/4 顆

配方奶或母奶 1/2 杯馬克杯

無刺鯛魚 1/4 片

做法

所有材料投入馬克杯，放進電鍋蒸熟後再用攪拌棒攪打。

【黑芝麻糙米漿】

材料｜

黑芝麻粉、糙米粉、溫好的母奶或沖泡好的配方奶 1/2 杯馬克杯

做法｜

黑芝麻粉與糙米粉投入馬克杯，加入溫水至三分滿，放進電鍋蒸熟，最後加入溫好的母奶或沖泡好的配方奶攪拌均勻。

【米布丁】

材料｜

（A） 蛋黃 1 顆、香草糖 2/3 大匙、母奶或配方奶 75 毫升、飯或無糖米香 1/3 量米杯

（B）肉桂粉少許

做法｜

所有材料 A 投入馬克杯攪拌均勻，放入電鍋蒸熟，取出後撒上少許肉桂粉。

● 甜菜根濃湯

材料

甜菜根 1/8 個、馬鈴薯 1/4 顆、配方奶或母奶或高湯 1/2 杯馬克杯、洋蔥少許

做法

所有材料投入馬克杯，放進電鍋蒸熟後再用攪拌棒攪打。

【起司蔬菜粥】

材料｜
飯 1/4 杯量米杯、高湯 1 杯量米杯、紅蘿蔔切片 2 至 3 片、高麗菜嫩葉 2 片、起司粉
做法｜
1. 紅蘿蔔、高麗菜切碎。
2. 所有材料投入馬克杯攪拌均勻，放入電鍋蒸熟，取出後撒上起司粉。

TIPS

也可以將高麗菜或紅蘿蔔或南瓜先加開水攪打成蔬菜汁，取代高湯投入馬克杯，做成淡綠色的高麗菜起司粥、橘紅色的紅蘿蔔起司粥、澄黃色的南瓜起司粥。

【米蛋糕】

材料｜
蛋黃 2 個、無糖豆漿 30 公克、在來米粉 30 公克、杏仁粉 10 公克
做法｜
1. 用打蛋器將蛋黃打發。
2. 所有材料快速拌勻，倒入杯中，移至預熱好的烤箱用攝氏 160 度烤 25 至 30 分鐘。

TIPS

1. 杏仁粉可以增加香氣，但也可以用燕麥粉、配方奶粉、甚至直接用在來米粉取代。
2. 豆漿也可以改用牛奶、母奶或配方奶。

● 整顆蕃茄燉飯

材料

飯 1/3 杯馬克杯、高湯 1/3 杯馬克杯、去蒂牛蕃茄 1 顆、玉米粒或三色蔬菜丁 1 至 2 大匙

做法

所有材料投入馬克杯拌勻，最上面放牛蕃茄，放入電鍋蒸熟，最後撒上海鹽與起司粉調味。

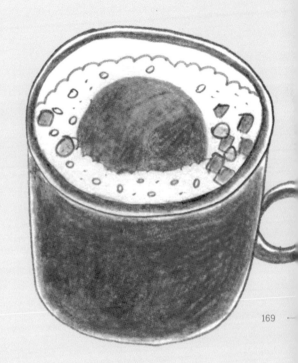

【白菜豆腐味噌湯】

材料｜

（A）大白菜嫩葉 1 片、嫩豆腐 1/8 塊、無刺鯛魚 1/4 片、開水 1/2 杯馬克杯

（B）味噌少許

做法｜

1. 所有材料 A 切小丁，投入馬克杯，放入電鍋開始蒸。

2. 味噌用少許開水拌溶，中途打開電鍋放入杯中，繼續蒸熟。

【杯子餅乾】

材料｜

耐高溫植物油 1 大匙、蛋黃 1 顆、黑糖或香草糖 1 大匙、牛奶 1 大匙、低筋麵粉 4 大匙

做法｜

所有材料投入馬克杯，用叉子拌勻，放入預熱好的烤箱用攝氏 160 度烤 25 至 30 分鐘。

TIPS

也可加上杏仁片或有機草莓果醬，增加餅乾風味。

電鍋副食品套餐，料理省時有撇步

在台灣電鍋非常普及，許多學生、單身貴族在宿舍或租屋處會用電鍋做一點簡單料理，甚至許多海外留學生也會搬著電鍋去求學，電鍋不用顧火的特性，不管對全職媽媽或家庭事業兩頭燒的職場媽媽都非常重要，對廚房新手或不善料理又想在廚房裡體貼幫忙的爸爸也是很容易操作的入門工具。

簡單的事前準備工作、運用食物堆疊的技巧，外鍋加入 1 至 2 杯的水按下開關，等待開關跳起即完成一餐。除了一指搞定、不需在爐具旁邊顧火，也不用擔心鍋子燒乾，加上料理零油煙、容易保存食物營養，對烹飪者與飲食者更健康，都是使用電鍋來做料理的優點。

●一鍋煮多道料理，超省時技巧

1. 材料儘量不超過食材容器八分滿，以免溢出造成黏鍋難以清理。
2. 採用上下堆疊法，可利用 2 支不鏽鋼筷、不鏽鋼蒸架或隔熱架當隔層。
3. 利用鋁箔紙包菜亦可多做一樣料理。
4. 也可另外購買加高鍋蓋與三層蒸盤組，更方便疊煮，含原有電鍋空間，可一次煮 4 道料理。
5. 採用馬克杯法，以十人份電鍋為例，可一次放入 4 個大馬克杯，同時煮 4 道料理。
6. 深綠色葉菜類容易過熟變黑，不適合和其他料理同時蒸煮，可在蒸煮後段再加入。

枸杞地瓜甜湯
蔬果粥
蘿蔔排骨湯

中式套餐，適用 7 個月以上的寶寶（約 2 人份）

● 蘿蔔排骨湯

材料

白蘿蔔半根、排骨或小排約半杯量米杯、水 3 杯量米杯

做法

1. 白蘿蔔削皮切成小丁。

2. 取一小不銹鋼鍋或耐熱的深麵碗，放進所有材料，再放入電鍋中。

3. 煮好後利用叉子背部將煮軟的白蘿蔔壓為泥狀，也可取湯汁給寶寶飲用。排骨或小排可在調味過後給大人食用。

【蔬果粥】

材料 |

紅蘿蔔切片 2 片、蘋果 1/4 顆、玉米粒 1 大匙、毛豆或豌豆 1 大匙、白米 1/4 杯量米杯、水 2 杯量米杯

做法 |

1. 米洗淨，加水浸泡 15 至 20 分鐘。將紅蘿蔔、蘋果去皮切小丁備用。

2. 取一中型麵碗，放入所有材料拌勻，疊放入電鍋蘿蔔排骨湯上層。

3. 煮好後用食物調理器或攪拌棒稍微打碎。

【枸杞地瓜甜湯】

材料 |

拳頭大地瓜半個、水半碗、枸杞約 1 大匙

做法 |

1. 將地瓜去皮、切小塊備用。取一中式飯碗，將所有材料放入。

2. 疊放於蔬果粥上方，並於電鍋外鍋加入 2 量米杯水，蓋上鍋蓋，打開電源，待開關跳起後再燜 15 分鐘即完成所有料理。

TIPS

1. 可利用叉子背部將煮軟的地瓜壓為泥狀。

2. 一歲以上也可加少許糖調味。

這樣做，一鍋搞定

茶碗蒸 ......
麵包布丁 ......
野菇炊粥

● 野菇炊粥

材料

白蘿蔔半根、排骨或小排約半杯量米杯、水 3 杯量米杯

做法

1. 將秀珍菇、鴻喜菇、香菇切成細條狀，金針菇切小段。
2. 取一深碗，將所有食材放入拌勻，放入電鍋底層。

TIPS

1. 一歲以上可加少許日式昆布醬油與檸檬汁調味。
2. 將寶寶欲食用的部分取出後，再放入調味料拌勻，給
   大人食用。

【茶碗蒸】

材料｜

雞蛋 1 顆、水或高湯 150 毫升、魚肉或雞肉
少許

做法｜

1. 將肉洗淨，切小丁備用。
2. 雞蛋拌勻，加入水或高湯後，過篩備用。
3. 取中式茶杯或飯碗，將肉放入後，再緩慢
   倒入蛋液。將食材稍微撈起，並去除表面
   氣泡後，即完成蒸熟前的準備。

TIPS

1. 最後一步驟目的是讓蛋液與食材中的空氣排
   除，不讓蛋液中有過多的氣泡。
2. 蒸煮後可用竹籤刺入，若有清澄的湯汁流出，
   表示已蒸好。

【麵包布丁】

材料｜

蛋黃 2 顆、牛奶 200 毫升、砂糖 20 公克、
食用油 5 公克、吐司 1 片

做法｜

1. 將吐司切成小丁備用。蛋黃、牛奶、砂糖
   拌勻後，過濾 1 至 2 次，讓質地較為細緻。
   將吐司丁鋪於蛋液上方。
2. 將野菇炊粥放於電鍋底部、再將茶碗蒸及
   麵包布丁疊於上方，外鍋加入 1.5 量米杯水，
   並在鍋身與鍋蓋間夾一支不鏽鋼筷子，蒸
   15 分鐘後先將茶碗蒸及麵包布丁取出，接
   著將鍋蓋蓋回，繼續蒸煮野菇炊粥，待開
   關跳起後，可先稍微攪拌一下，蓋回鍋蓋
   燜約 20 分鐘。（放筷子是要讓部分蒸氣散
   出，避免過熱沸騰造成表面充滿孔洞。）

這樣做，一鍋搞定

杯子蛋糕
馬鈴薯泥
羅宋湯

西式菜單，適用 1 歲以上的寶寶（約 2 人份）

● 羅宋湯

材料

高麗菜葉 1 片、洋蔥 1/4 顆、去蒂牛番茄半顆、紅蘿
蔔 1/4 根、火鍋用牛肉片 5 至 8 片、水 2 杯量米杯

做法

1. 將高麗菜、洋蔥、牛番茄、紅蘿蔔切 1 公分小丁備用。
2. 取中式湯碗，放入所有材料並置於電鍋底層。完成
   後加鹽調味。

TIPS

若希望湯品更入味，可在蒸煮過後，先將其他道料理取出，
再於外鍋中加入 1 量米杯水燉煮。

【馬鈴薯泥】

材料|

馬鈴薯 2 顆、牛奶約 100 毫升、起司粉 2
大匙

做法|

1. 馬鈴薯去皮，切薄片，平鋪在盤子上，並
   放置於羅宋湯上方。
2. 待蒸好後，將馬鈴薯壓成泥，趁熱加入牛
   奶、起司粉、少許鹽拌勻。

【杯子蛋糕】

材料|

雞蛋 2 顆、砂糖 25 公克、食用油 1/2 大匙、
低筋麵粉 100 公克、無鋁泡打粉少許

做法|

1. 將所有材料倒入攪拌碗中，攪拌均勻。取一
   小杯或小型的烤模，將麵糊倒入約七分滿。
2. 疊放入電鍋中，放在馬鈴薯上層。外鍋加
   入 1 量米杯水，蓋上鍋蓋，打開電源，待開
   關跳起後再燜 10 分鐘，即完成所有料理。

TIPS

也可將蛋白加糖打發，則可不加無鋁泡打粉。

用攪拌棒做副食品，一棒在手咻咻搞定

副食品工具選擇重點之一是該工具可以隨著寶寶成長而調整，以及在副食品階段過後仍然派得上用場。手持式攪拌棒雖然和果汁機有異曲同工之處，但仍有些微不同。可控制攪打程度、可直接在烹煮器具內攪打、少量也可以攪打、容易清洗等，都是攪拌棒獨特的優點。

●攪拌棒選購要點

目前市面上的手持式攪拌棒大部分含有附刀片的攪拌杯、打蛋器，這些工具對於日後西點烘焙以及餐點製作都很有幫助。

在材質的選擇，常見攪拌棒有耐熱塑膠及不鏽鋼材質兩種，在耐用度及安全性的考量下，建議購買攪拌頭為不鏽鋼材質者，無論攪打熱食或清洗，皆無須太過擔心。

若手邊現有的攪拌棒為塑膠材質，在烹煮調理時需注意等料理溫度稍微下降方能使用，且於清潔時應選擇柔軟的工具清洗，才能保護塑膠表面的完整性。選擇合適工具及正確使用，食得安心又健康是所有爸爸媽媽最大的心願。

● 昆布金針菇豆腐湯

材料

昆布 3 小段、金針菇 1/3 包、嫩豆腐 1/2 盒、
水 3 碗

做法

1. 取一鍋放入昆布、水，浸泡 10 分鐘，放到爐
   火上煮沸即熄火，撈出昆布，湯備用。
2. 豆腐切小丁備用。
3. 金針菇洗淨，切小段放入昆布湯中，使用
   攪拌棒將金針菇打碎，加入豆腐丁煮沸。

TIPS

藉由軟嫩的豆腐丁讓寶寶練習咀嚼，倘若寶寶咀
嚼不順，可使用湯匙或叉子背部將豆腐壓碎食用。

【南瓜雞肉泥】

材料 |

南瓜 1/6 顆、洋蔥 1/2 顆、雞胸肉 1/2 塊、
溫好的母奶或配方奶半杯量米杯

做法 |

1. 將南瓜、洋蔥、雞胸肉切小塊，利用堆疊
   方式蒸熟。
2. 加入母奶或配方奶，用攪拌棒攪打成
   泥狀。

TIPS

1. 若南瓜尺寸較小，分量可增加為 1/4 顆。
2. 一歲以上也可將奶改為鮮奶。

【火龍蔬果汁】

材料 |

白火龍果 1 顆、高麗菜葉一片、蘋果 1/2 顆、
開水 2 碗、檸檬汁少許

做法 |

1. 所有材料切小塊，高麗菜蒸熟備用。
2. 用攪拌棒攪打成汁。亦可用濾網過濾，讓
   果汁更順口。

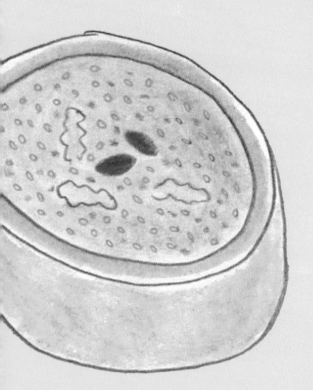

● 銀耳小米粥

材料

白木耳 1 碗、小米半杯量米杯、枸杞 1 大匙

做法

1. 將白木耳放入鍋中，水量淹過食材，煮沸之後，靜置稍涼後使用攪拌棒打成泥狀。
2. 小米與枸杞洗淨，內鍋放入 5 碗水，外鍋加 1 量米杯水，放入電鍋，開啟電源，待電鍋跳起後燜 5 至 10 分鐘，最後與打泥的白木耳攪拌均勻。

TIPS

可依各人喜好酌量加糖或梨子汁調味。

【清蒸鮮魚餅】

材料｜

無刺魚片 3 片、鹽少許

做法｜

1. 魚片洗淨切小塊，用攪拌棒攪打成泥，加少許鹽，幫助蛋白質產生黏性。
2. 用湯匙挖取寶寶一口大小壓為餅狀，放入盤中，置入電鍋蒸熟。

【葡萄鳳梨汁】

材料｜

葡萄約 1 碗、鳳梨 1/4 顆、開水 2 碗

做法｜

1. 葡萄洗淨去皮去籽，鳳梨切小塊備用。
2. 用攪拌棒攪打至無顆粒感。

● 甜菜根蔬果汁

材料

甜菜根 1/4 顆、牛番茄 1/2 顆、蘋果 1/2 顆、胡蘿蔔 1 小段、
開水 2 碗

做法

1. 將甜菜根、胡蘿蔔洗淨切小塊，蒸熟備用。
2. 牛番茄去蒂、蘋果去皮去籽，切小塊備用。
3. 用攪拌棒攪打至無顆粒感。

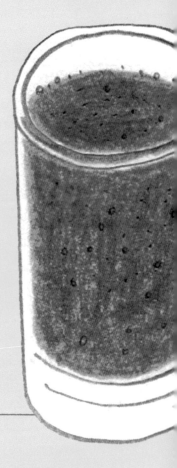

【花椰菜鮮魚起司濃湯】

材料 |
花椰菜 1 碗、無刺魚片 1 片、起司半碗、馬鈴
薯 1/2 顆、牛奶半杯量米杯、高湯或水 4 碗
做法 |

1. 將馬鈴薯切小丁蒸熟，花椰菜洗淨燙
   熟，半片魚片切小丁備用。
2. 取一深鍋加入高湯或水煮沸，先放入
   半片魚片煮熟後，再放入花椰菜、馬
   鈴薯、牛奶煮熟，帶著隔熱手套用攪
   拌棒攪打成濃湯狀。
3. 最後加入其餘魚肉，並將起司放入湯
   中拌煮。

【非油炸可樂餅】

材料 |
雞胸肉 1/4 塊、馬鈴薯 1 顆、玉米粒 1/3 碗、
蛋 1 顆、玉米片或燕麥片約 1/2 碗、鹽少許
做法 |

1. 玉米片或燕麥片放於密封袋中壓碎備用。
2. 雞胸肉、馬鈴薯、玉米粒蒸熟後，用攪拌
   棒將雞胸肉與馬鈴薯打成泥狀，加少許鹽
   與玉米粒拌勻，用手捏成薄餅狀。
3. 沾上蛋液並裹上玉米片或燕麥片，放入預
   熱好的小烤箱烘烤 5 至 10 分鐘，如用預
   熱好的可定溫大烤箱則以攝氏 180 度烘烤
   約 3 至 5 分鍾。

用麵包機做副食品，乾乾淨淨一機搞定

麵包機真是史上最偉大的發明，把所有材料投入，完全不沾手，只要二至四小時就有新鮮出爐的安心麵包可吃。胖達人風波後，身邊的媽媽朋友們幾乎人手一台麵包機，在團團轉的忙碌生活裡，麵包機可是廚房一大幫手。我平時使用的麵包機是婆婆的精工牌（SEIKO）傳家寶，雖然歷經十多年仍然非常好用，這次採用的麵包機型是市面最普及的 Panasonic 105T。除了麵包以外，有沒有可能利用麵包機來做副食品呢？這回專欄實作使用的功能除了麵包行程之外，還有麵包麵糰（揉麵與一次發酵）、烏龍麵糰（揉麵）、麻糬（揉麵與加熱）、果醬（攪拌加熱）與糖漬水果（不攪拌加熱）、蒸麵包（加熱），凡使用麵包麵糰再整型的食譜，也可以改用吐司麵包行程一鍵到底。

● 掌握麵包口感的小叮嚀

1. 麵包完成後需要立即取出放涼，切片後放入保鮮盒或密封袋，移入冰箱冷藏，想吃時隨時用電鍋墊張烘焙紙，紙下放半小匙水，等開關跳起再燜 10 分鐘，蒸烤過後口感不輸剛出爐麵包。

2. 麵包機也有預約功能。倘若早餐要吃，可設定為起床時間完成，一起床先取出麵包放涼，再進行梳洗換衣，上桌時正是吃麵包最佳時間。如果擔心預約時間抓不準，可以前一晚下班回家時投料，睡前半小時取出，放涼後切片密封放入冰箱冷藏，隔天早上再回烤。

3. 夏天天氣較為炎熱，麵包機發酵的狀況可能受到影響，這時可將水改用冰水、冰豆漿或牛奶取代。冬天寒流來時，可將水改為溫水，用手背感覺微溫的溫度。

TIPS

製作發酵麵點時，個人建議可以將半個拳頭大老麵一起投入，成品不但發酵更好，也會更香、味道與口感均更有層次。

· 材料
中筋麵粉 1.5 杯量米杯、酵母粉 1 小匙、鹽 1/2 小匙、溫水 2/3 杯量米杯

· 做法
所有材料倒入容器中拌勻，室溫靜置 2 小時，移入冰箱冷藏 3 小時以上，可冷藏兩週。

● 無奶蛋菠菜米麵包

材料

水 230 公克、植物油 1 大匙、楓糖 2
大匙、菠菜碎末 30 公克、純在來米粉
250 公克、酵母粉 3 公克

做法

所有材料投入麵包機內，選擇「米粉麵包（不含麵粉）」行程。

TIPS

1. 菠菜也可換為小松菜、油菜等綠色蔬菜。楓糖也可換為蘋果汁或梨子汁。

2. 這款麵包無奶、無蛋、無小麥，適合對上述食材過敏的寶寶，口感和一般麵包不同，比較近似發糕。

179

【綠豆沙奶飲】

材料｜

（A）綠豆仁半杯量米杯、梨子半個，水 3/4
杯量米杯（B）配方奶或母奶

做法｜

1. 綠豆仁洗淨浸泡 3 至 4 小時，瀝乾備用。
   梨子去皮去籽切為 1 公分小丁備用。

2. 裝入麻糬葉片，將材料 A 投入麵包機，
   用鋁箔紙包蓋內鍋，選擇「麻糬」行
   程，即完成綠豆沙。

3. 泡好的配方奶或溫好的母奶，依各人
   喜好的濃度加入適量綠豆沙拌勻。

TIPS

1. 寶寶若不習慣帶顆粒的口感，也可用濾網過濾。
   剩下的綠豆沙可製成冰磚，下次需要時用電鍋
   加熱即可使用。

2. 綠豆仁應浸泡至手指可壓碎的軟度，以免刮傷
   麵包機塗層。

【杯子豆腐慕斯】

材料｜

（A）豆腐半盒（約 150 公克）、熟香蕉 1
條（約 150 公克）、楓糖 15 公克（B）香橙
小丁、黑糖粉

做法｜

1. 豆腐、香蕉分別切為 1 公分小丁備用。

2. 材料 A 投入麵包機，用鋁箔紙包蓋內鍋，
   選擇「麻糬」行程，完成豆腐慕斯。

3. 灑些黑糖粉，或擺上水果小丁。

TIPS

1. 香橙也可替換為其他水果，致敏性較低的水果
   如蘋果、葡萄、甜桃、水梨、西洋梨等。

2. 若想降低甜度，楓糖也可省略。

● 無奶蛋南瓜麵包

材料

水 85 公克、蒸熟南瓜 100 公克、楓糖 16 公克、高筋麵粉 250 公克、酵母粉 3 公克

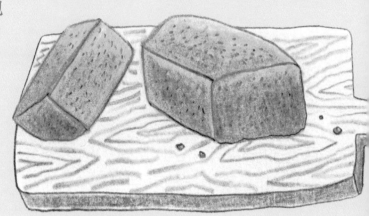

做法

所有材料投入麵包機,選擇「吐司麵包」行程。

【蘋果果醬】

材料 |

蘋果丁 300 公克(2 顆小蘋果)、檸檬汁 15 公克(1 顆)、糖 160 公克、水 75 公克

做法 |

1. 蘋果去皮去籽切為 1 公分小丁。

2. 所有材料投入麵包機,選擇「果醬」行程,設定時間 100 分鐘。

TIPS

製作果醬的蘋果建議選擇酸度高的富士蘋果。

【芝麻餅乾】

材料 |

無糖豆漿 140 公克、植物油 8 公克、純黑芝麻粉 15 公克、高筋麵粉 235 公克、酵母粉 3 公克、鹽 4 公克

做法 |

1. 所有材料投入麵包機,選擇「麵包麵糰(揉麵與一次發酵)」行程。

2. 取出麵糰,灑上一些分量外麵粉作為手粉,用撖麵棍將麵糰壓為約 0.5 公分厚,再利用餅乾模壓出形狀,放在鋪著烘焙紙的烤盤上,移入預熱好的烤箱,以攝氏 160 度烘烤 25 分鐘。

TIPS

1. 忙碌時也可改用「吐司麵包」行程一鍵到底,做成芝麻麵包。

2. 豆漿也可改為母奶或配方奶。

● 黑糖小饅頭

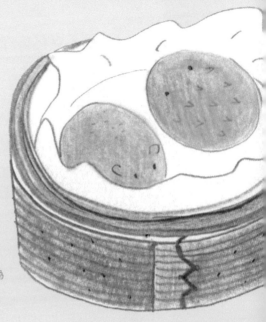

材料

水或牛奶 90 公克、黑糖 20 公克、中筋麵粉 200 公克、酵母 3 公克

做法

1. 依序將所有材料投入麵包機，選擇「麵包麵糰（揉麵與一次發酵）」行程。
2. 取出麵糰，灑一些分量外麵粉作為手粉，將麵糰滾為長條狀，切割為小段或製成喜愛的形狀。
3. 放入蒸籠用大火蒸 12 分鐘。

TIPS

1. 也可放入預熱好的電鍋，外鍋 1.5 杯熱水，等開關跳起再燜 10 至 15 分鐘，鍋蓋夾一張紗布巾，讓多餘水氣可以逸散出來。
2. 忙碌時也可改用「吐司麵包」行程一鍵到底，做成黑糖麵包。比較近似發糕。

【紅蘿蔔烘蛋】

材料|

雞蛋 2 顆、紅蘿蔔刨絲 2 大匙、甜椒小丁 1 大匙、植物油 1 小匙、起司粉 1 小匙

做法|

麵包機不放葉片，所有材料投入麵包機，用橡皮刮刀混合均勻，選擇「蒸麵包」行程，約 23 分鐘即可取出。

TIPS

材料也可加入絞肉。

【桂花燉梨】

材料|

水梨或西洋梨 1 個、冰糖 3 大匙、乾桂花 1 大匙、水 3/4 杯量米杯

做法|

1. 梨去皮去籽切為 6 份。
2. 麵包機不放葉片，將所有材料投入，梨平鋪，避免疊放。
3. 用烘焙紙或鋁箔紙包蓋內鍋，選擇行程「糖漬水果」，時間設定 60 分鐘。

家庭與生活 030

小雨麻的100道馬克杯料理, 上桌!

作者｜小雨麻
責任編輯｜陳佳聖
美術設計｜東喜設計
封面插畫｜謝捲子
攝影｜王文彥
插畫｜陳宛昀、陳怡今（副食品特輯）
擺盤｜簡孝如
校對｜張秀雲
行銷企劃｜林育菁

誌謝馬克杯協助拍攝｜LE CREUSET TAIWAN（忠孝門市）、
HOLA 特力和樂、nest 巢 · 家居（http://www.nestcollection.tw/）

發行人｜殷允芃
創辦人兼執行長｜何琦瑜
總經理｜游玉雪
總監｜李佩芬
主編｜盧宜穗
版權總監｜張紫蘭

出版者｜親子天下股份有限公司
地址｜台北市 104 建國北路一段 96 號 11 樓
電話｜（02）2509-2800　傳真｜（02）2509-2462
網址｜www.parenting.com.tw
讀者服務專線｜（02）2662-0332　週一～週五：09:00~17:30
讀者服務傳真｜（02）2662-6048
客服信箱｜bill@service.cw.com.tw
法律顧問｜瀛睿兩岸暨創新顧問公司
總經銷｜大和圖書有限公司 電話：（02）8990-2588

出版日期｜2016 年 5 月第一版第一次印行
　　　　　2019 年 3 月第一版第五次印行
定　價｜350 元
書　號｜BKEEF030P
ISBN｜978-986-92920-8-5（平裝）

訂購服務────────
親子天下 Shopping｜shopping.parenting.com.tw
海外 · 大量訂購｜parenting@service.cw.com.tw
書香花園｜台北市建國北路二段 6 巷 11 號 電話（02）2506-1635
劃撥帳號｜50331356 親子天下股份有限公司

國家圖書館出版品預行編目資料

小雨麻的 100 道馬克杯料理. 上桌!／小雨麻作. --
第一版. -- 臺北市：親子天下. 2016.05
　面；　公分. -- (家庭與生活：30)
ISBN 978-986-92920-8-5(平裝)
1. 食譜
427.1　　　　105006352

立即購買 >